はじめに

三木　俊一

　このドリル集は、文章題の基本の型がよく分かるように作られています。「ぶんしょうだい」と聞くと、「むずかしい」と反応しがちですが、文章題の基本の型は、決して難しいものではありません。基本の型はシンプルで易しいものです。

　文章題に取り組むときは以下のようにしてみましょう。

①　問題文を何回も読んで覚えること

②　立式に必要な数を見分けること

③　何をたずねているかがわかること

　②は、必要な数を○で囲む。③は、たずねている文の下に＿＿を引くとよいでしょう。

（例）　牛(うし)が㊼頭(とう)います。馬(うま)が㊺頭います。
　　　数のちがいは何頭ですか。

5分間ドリルのやり方

1．1日5分集中しよう。
　　短い時間なので、いやになりません。

2．毎日続けよう。
　　家庭学習の習慣が身につきます。

3．基本問題をくり返しやろう。
　　やさしい問題を学習していくことで、基礎学力が身につき、読解力も向上します。

もくじ

月　日

1　ばらの花は、赤が24こと白が21こさいています。ばらの花は、合(あ)わせて何(なん)こですか。

うすく書いてある数字はなぞってね。

	2	4
+	2	1

赤24　白21

?

24 ＋ □ ＝ □　　答え　　こ

2　色画用紙(いろがようし)は、黒(くろ)が26まいと青が42まいあります。色画用紙は、合わせて何まいですか。

図(ず)であらわすとわかりやすいよ。

	2	6

黒26　青42

?

□ ＋ □ ＝ □　　答え　　まい

月　日

1　にわとりは、茶色(ちゃいろ)が28羽(わ)と白色が30羽です。にわとりは、ぜんぶで何(なん)羽ですか。

ひっさんをかくときは
くらいに気をつけよう。

	2	8

茶色28　白色30

?

□ ＋ □ ＝ □　答え　　羽

2　魚(さかな)の本が40さつと、鳥(とり)の本が36さつあります。本は、ぜんぶで何さつですか。

魚40　鳥36

?

□ ＋ □ ＝ □　答え　　さつ

月　日

1 色紙（いろがみ）は、わたしが45まいと妹（いもうと）が38まいもっています。色紙は、ぜんぶで何（なん）まいですか。

8＋5は13だから、十のかたまりが1つできたよ。

	4	5
＋	3	8

45　38

？

□＋□＝□　答え　まい

2 ご石は、黒（くろ）が37こと白が27こあります。ご石は、ぜんぶで何こですか。

なれるまで、くり上がりの1をかいておくといいよ。

	3	7

37　27

？

□＋□＝□　答え　こ

4 たし算 ④

月　日

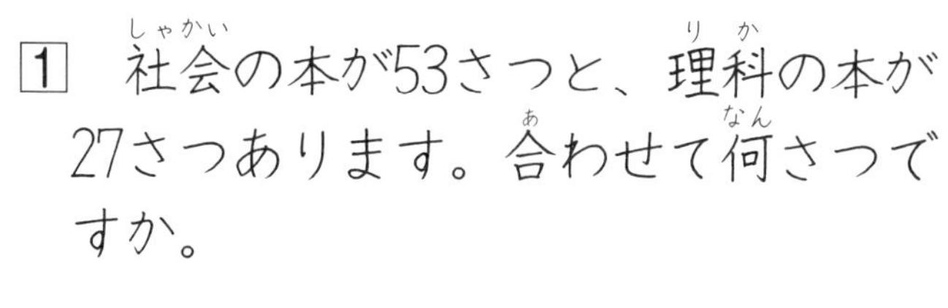

1　社会の本が53さつと、理科の本が27さつあります。合わせて何さつですか。

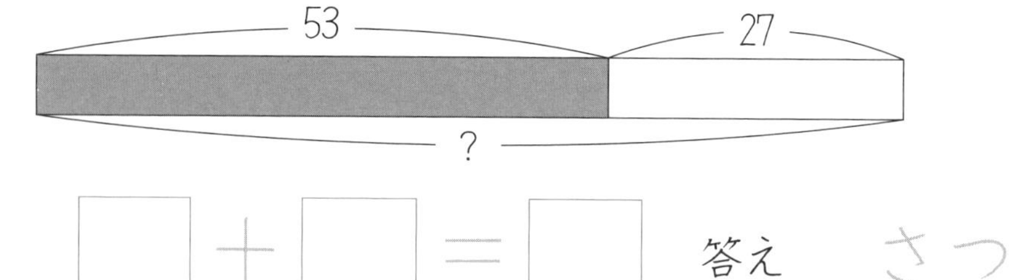

□ ＋ □ ＝ □　　答え　　さつ

2　あんパンが65こと、ジャムパンが25こあります。ぜんぶで何こですか。

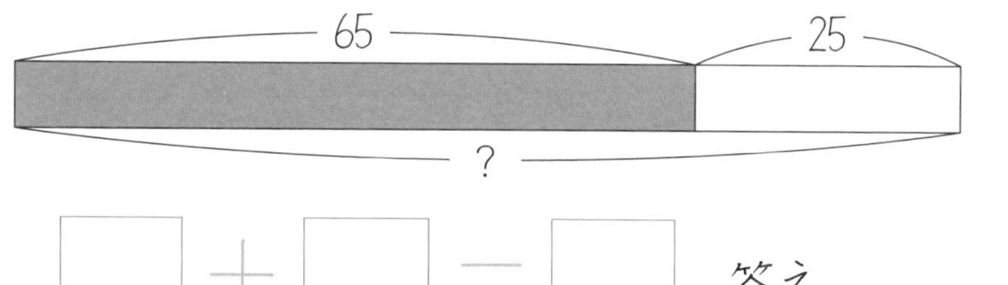

□ ＋ □ ＝ □　　答え　　こ

月　日

1　68cmのテープと、42cmのテープをつなぎます。長さ(なが)は、何(なん)cmですか。

十のくらいと百のくらいの２かいくり上がるよ。

	6	8
+	4	2

68　42

？

□ ＋ □ ＝ □　　答え　　cm

2　広場(ひろば)に、１年生が64人と、２年生が69人います。みんなで何人ですか。

64　69

？

□ ＋ □ ＝ □　　答え　　人

6 たし算 ⑥

月　日

1　プールに、男の子が48人と女の子が58人います。みんなで何人ですか。

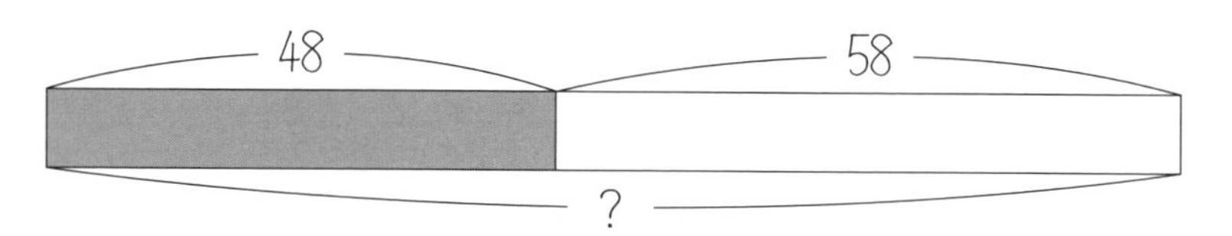

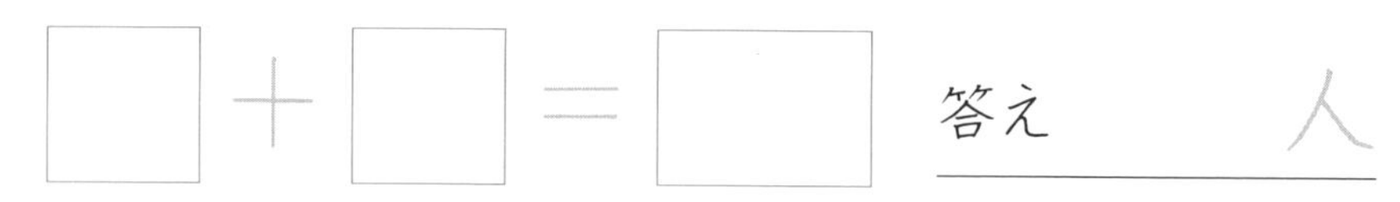

答え　　人

2　えんぴつを45円で、けしゴムを55円で買います。合計何円ですか。

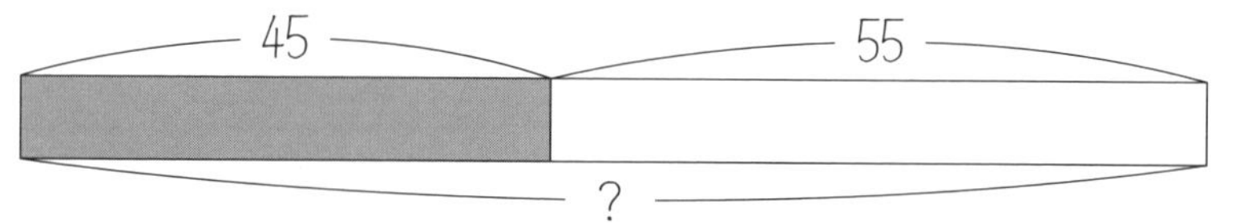

答え　　円

月　日

1　兄(にい)さんは、スタートから75mのところを走(はし)っています。あと25m走ります。兄さんは、ぜんぶで何(なん)m走りますか。

75　25
?

□ ＋ □ ＝ □

答え　　m

2　姉(ねえ)さんは、本を86ページまで読(よ)みました。まだ18ページあります。本は、ぜんぶで何ページですか。

86　18
?

□ ＋ □ ＝ □

答え　　ページ

8 たし算 ⑧

月　日

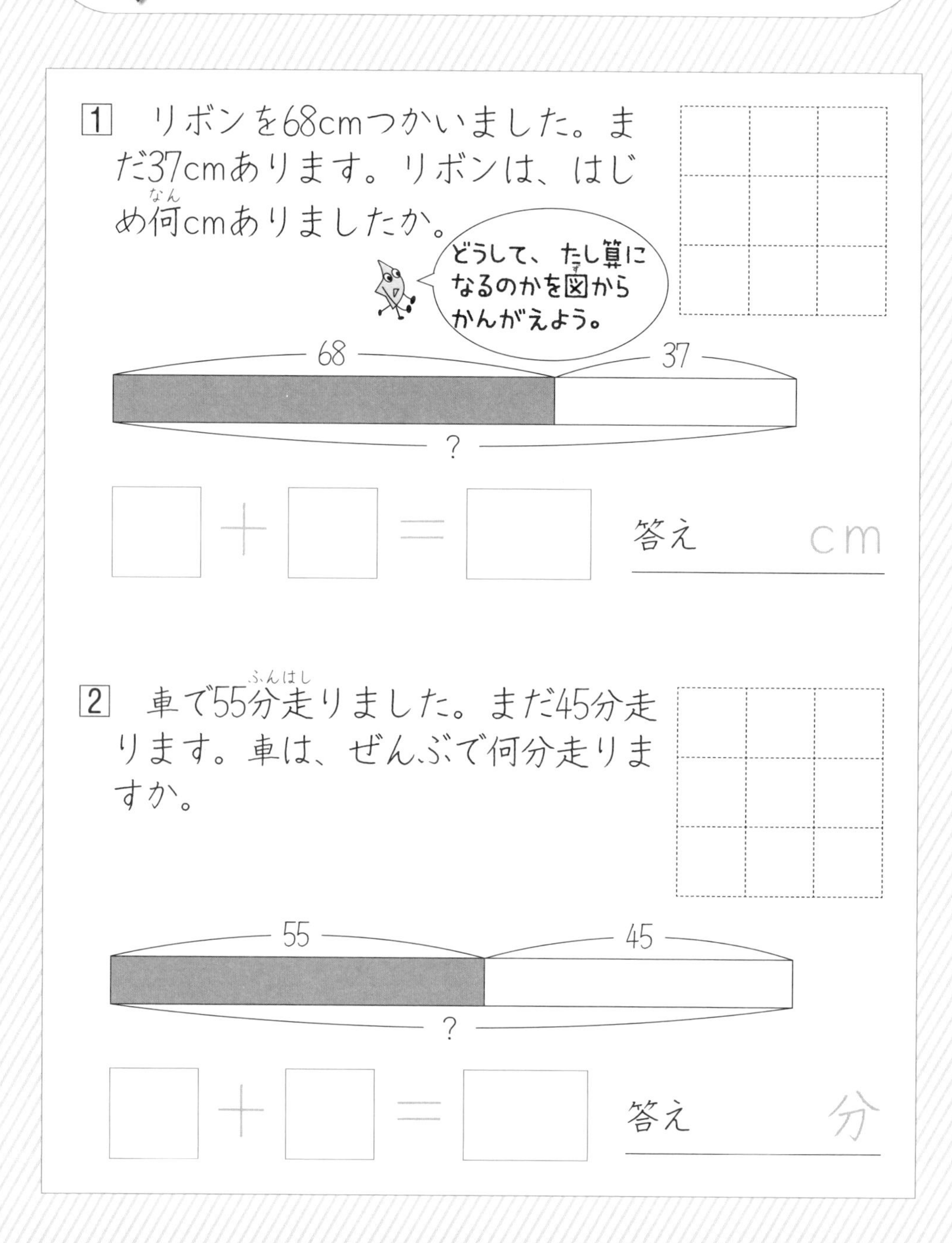

1 リボンを68cmつかいました。まだ37cmあります。リボンは、はじめ何（なん）cmありましたか。

□ ＋ □ ＝ □　　答え　　　cm

2 車で55分（ふん）走（はし）りました。まだ45分走ります。車は、ぜんぶで何分走りますか。

□ ＋ □ ＝ □　　答え　　　分

9 たし算 ⑨

月　日

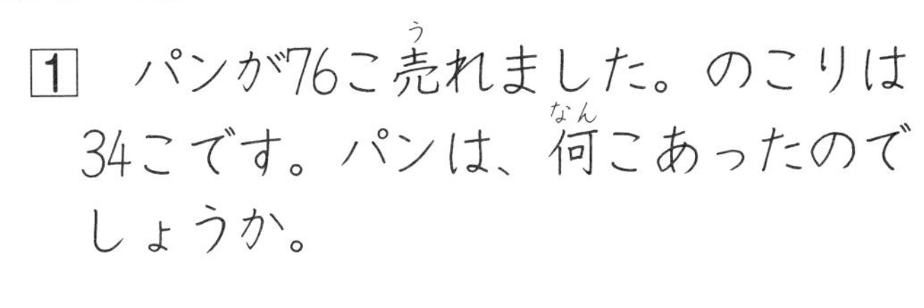

1　パンが76こ売れました。のこりは34こです。パンは、何こあったのでしょうか。

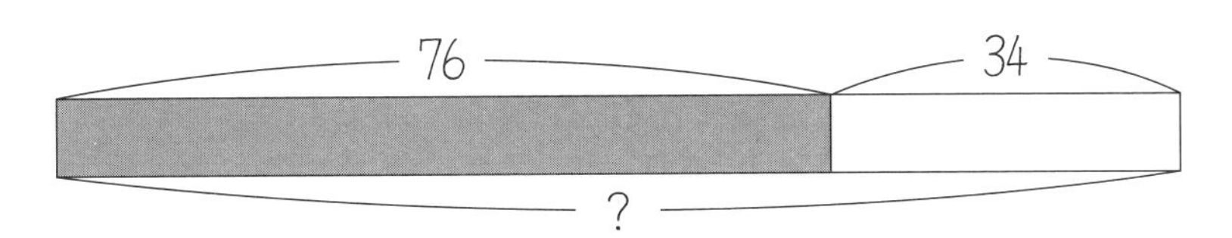

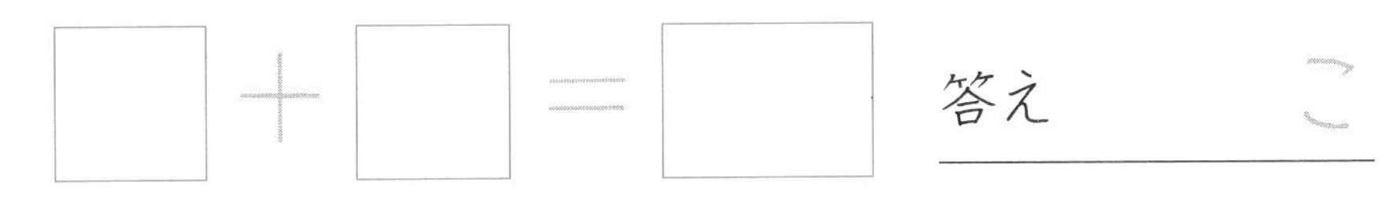

答え　　　　こ

2　きくを82本切りました。まだ68本のこっています。きくは、何本あったのでしょうか。

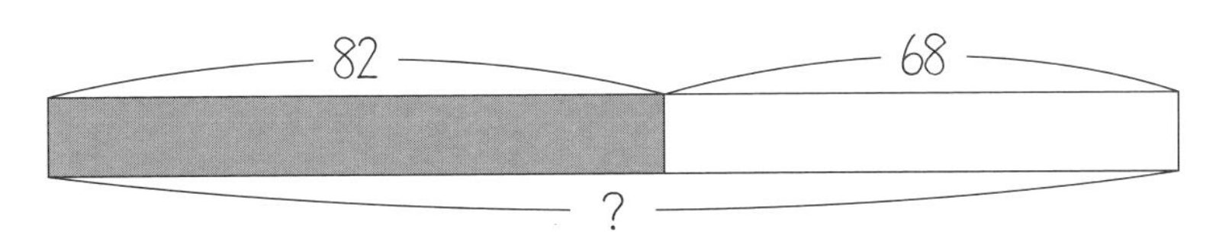

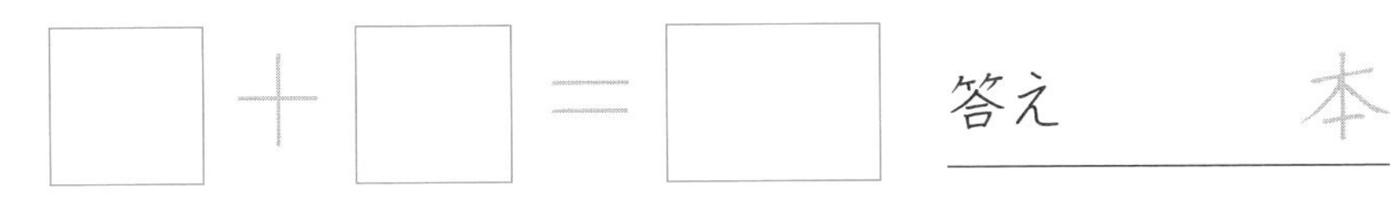

答え　　　　本

10 たし算 ⑩

月　日

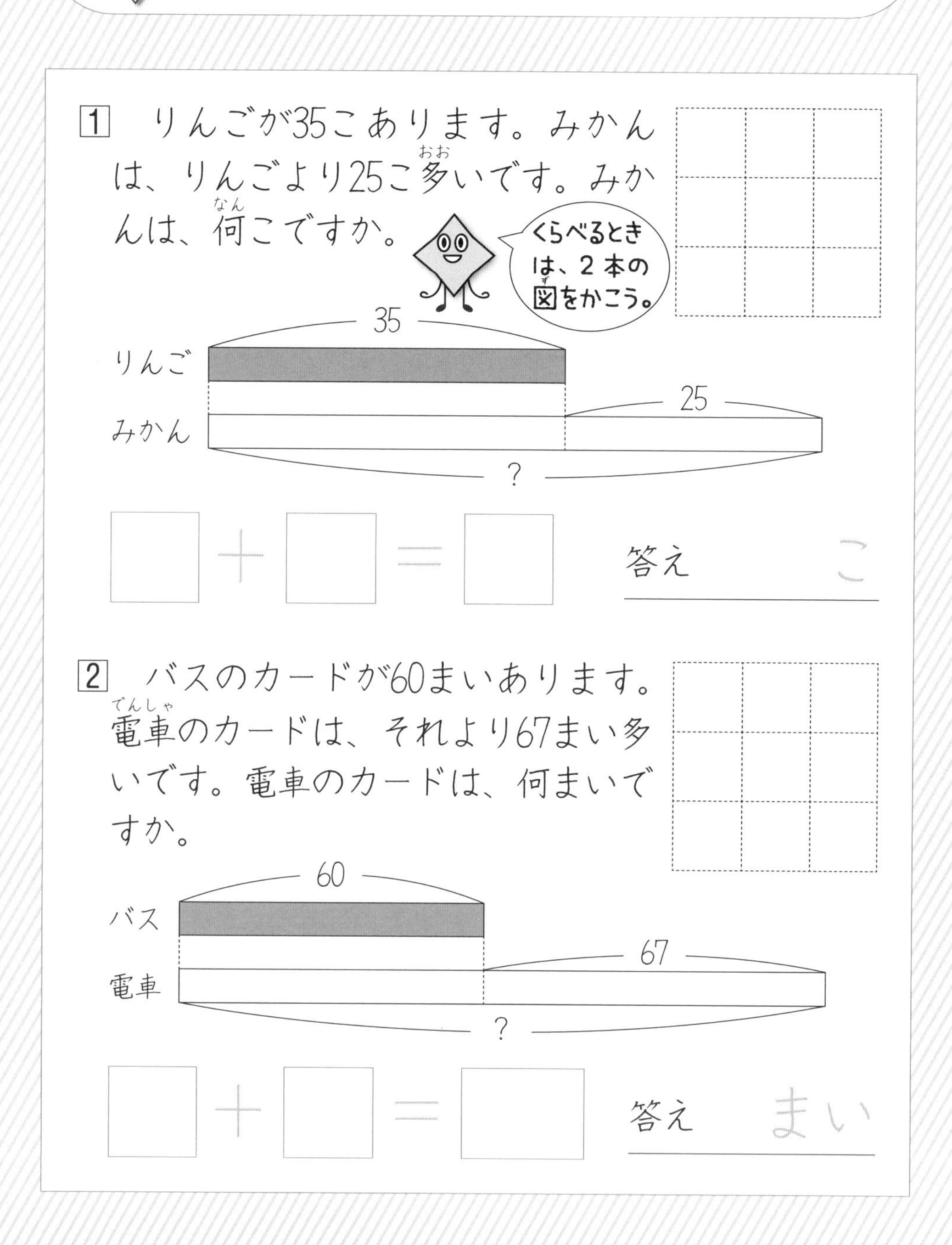

1　りんごが35こあります。みかんは、りんごより25こ多いです。みかんは、何こですか。

□＋□＝□

答え　　こ

2　バスのカードが60まいあります。電車のカードは、それより67まい多いです。電車のカードは、何まいですか。

□＋□＝□

答え　　まい

11 ひき算 ①

月　日

1　画用紙が65まいあります。30人に1まいずつくばると、のこりは何まいですか。

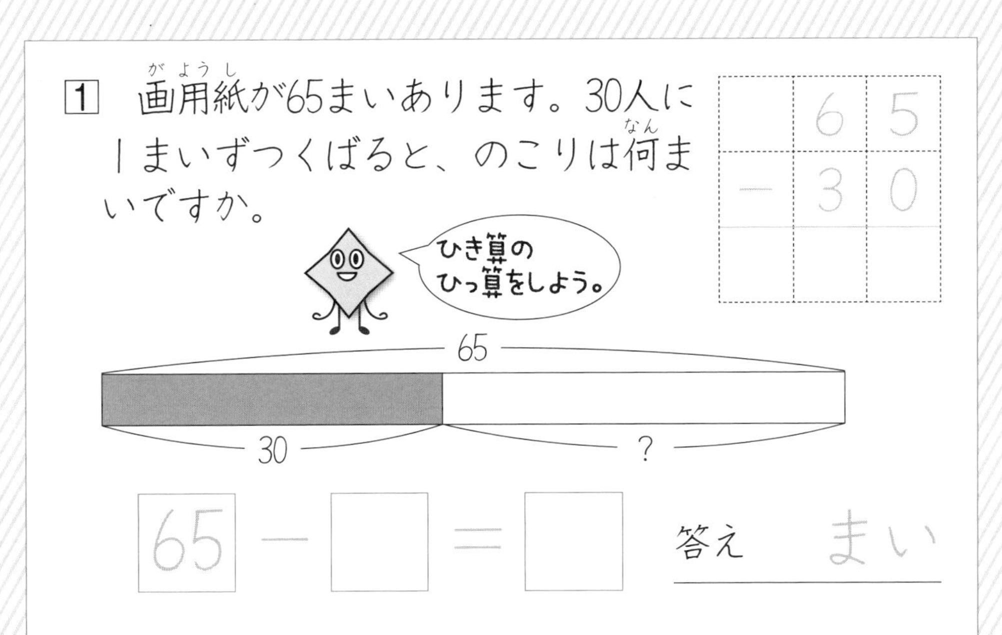

2　色紙が75まいあります。40まいでつるをおると、のこりは何まいですか。

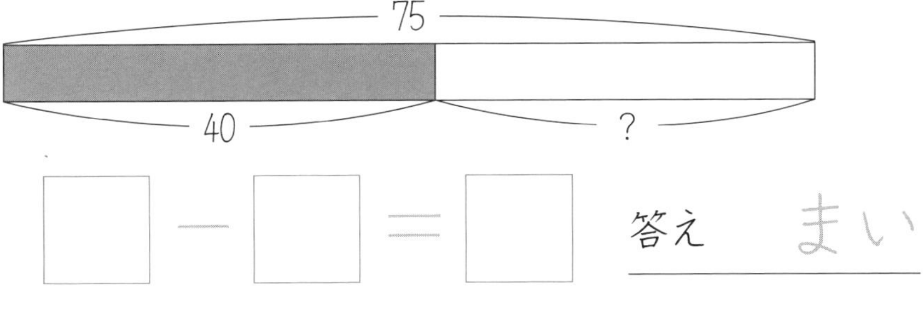

12 ひき算 ②

月　日

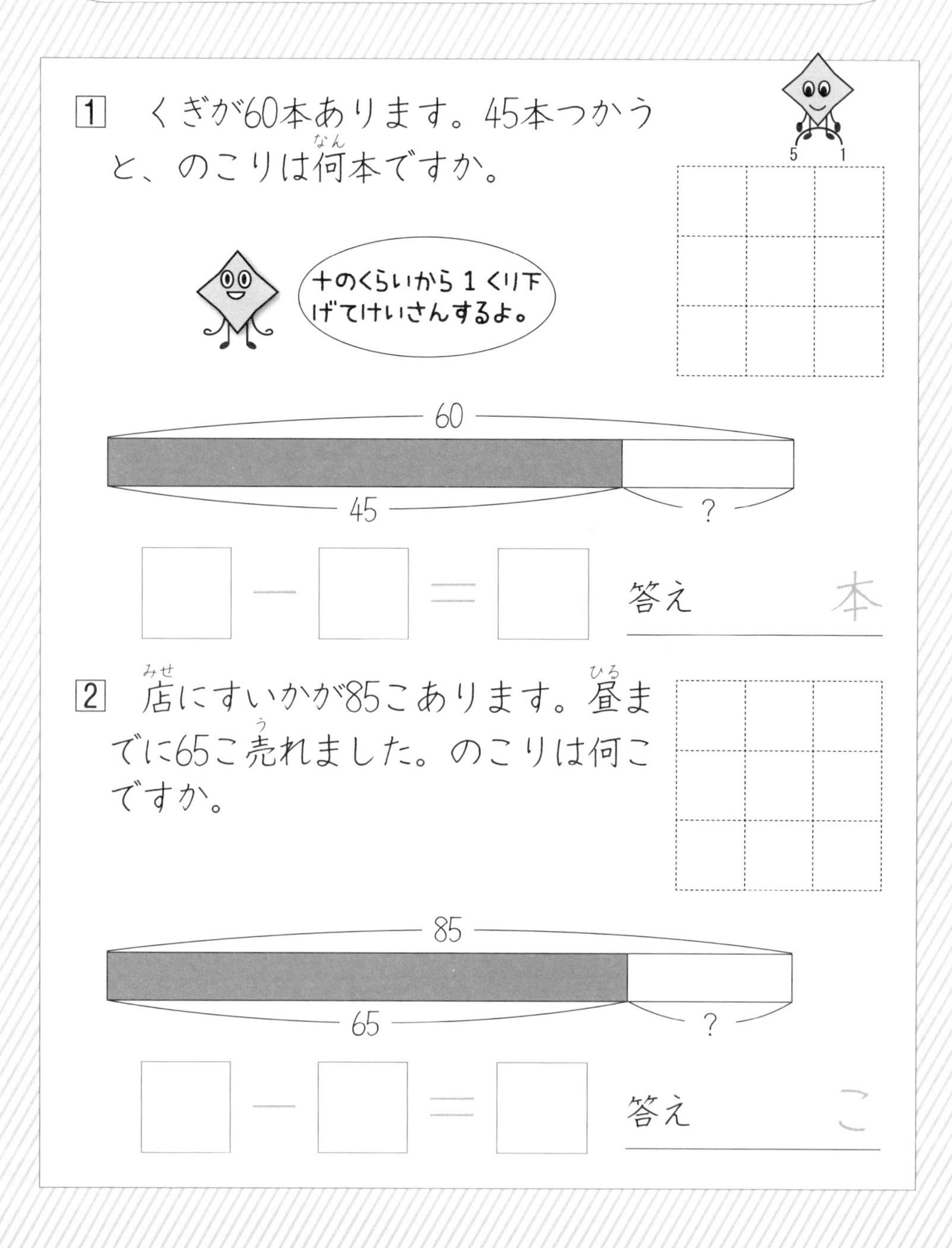

1　くぎが60本あります。45本つかうと、のこりは何本ですか。

□ － □ ＝ □　答え　本

2　店にすいかが85こあります。昼までに65こ売れました。のこりは何こですか。

□ － □ ＝ □　答え　こ

13 ひき算 ③

月　日

1　さくらんぼが82こあります。54こ食べると、のこりは何こになりますか。

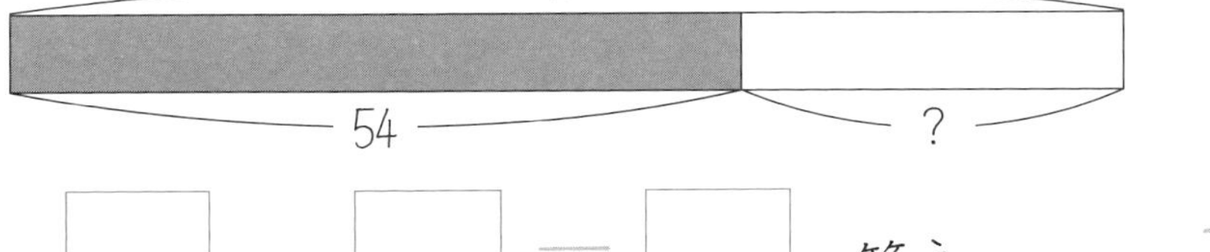

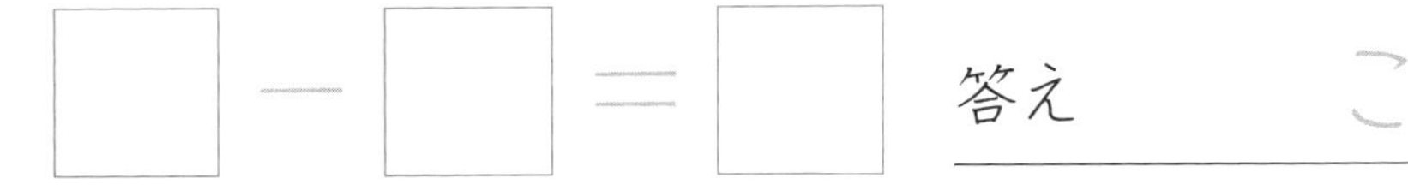

答え　　こ

2　2年生が63人います。女の子は27人です。男の子は何人ですか。

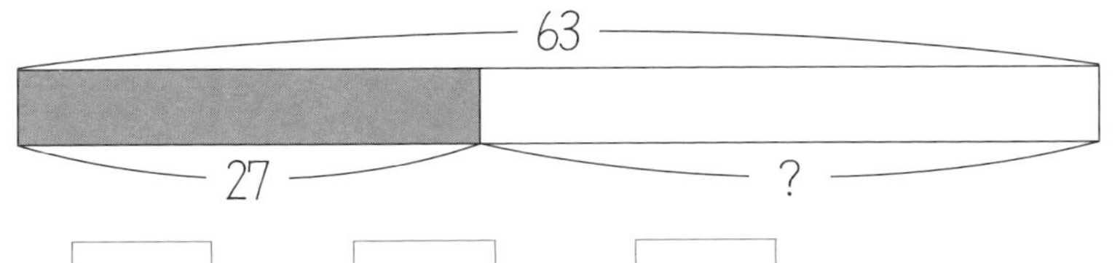

答え　　人

14 ひき算 ④

月　日

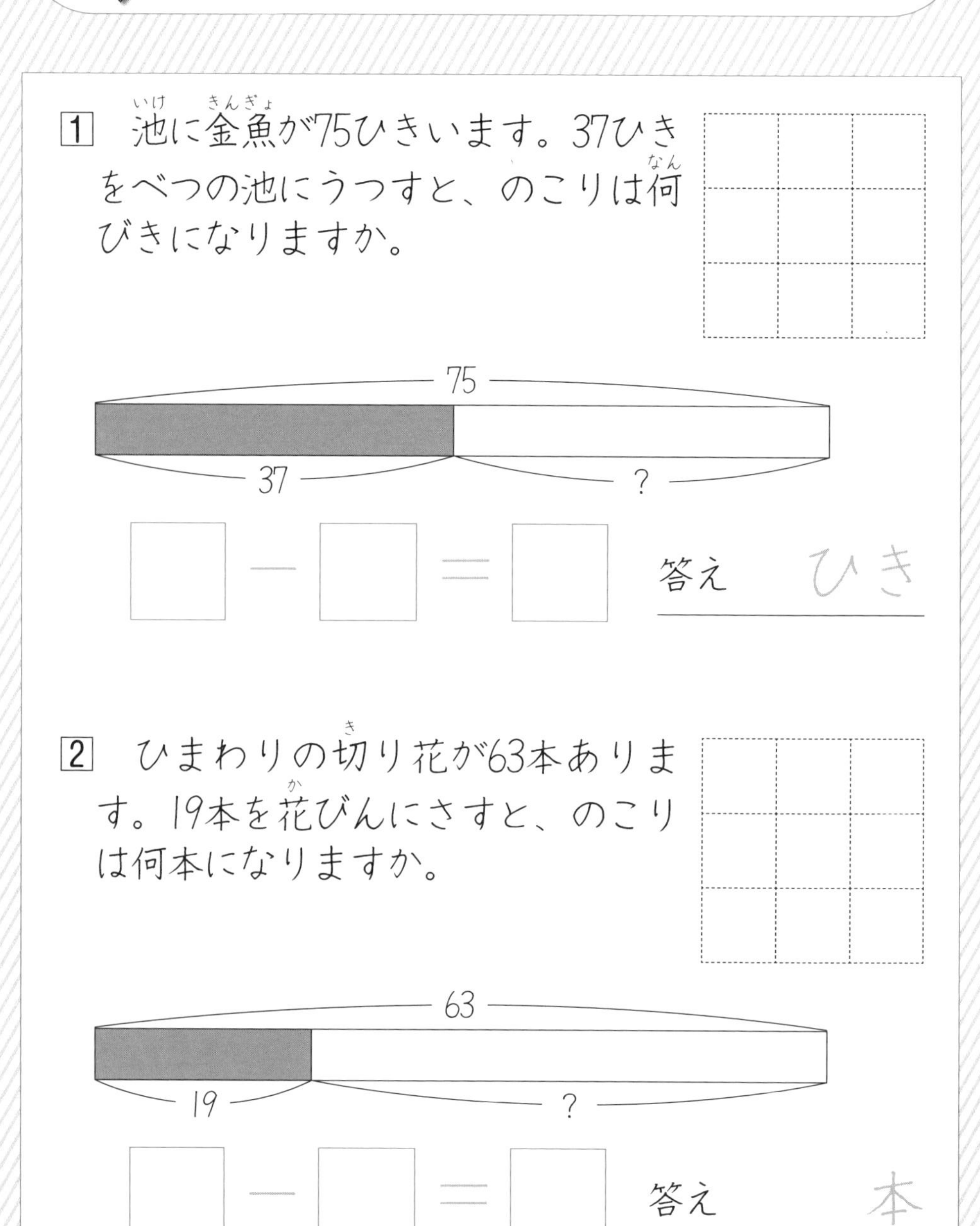
1　池に金魚が75ひきいます。37ひきをべつの池にうつすと、のこりは何びきになりますか。
75
37
?
－
＝
答え　ひき
2　ひまわりの切り花が63本あります。19本を花びんにさすと、のこりは何本になりますか。
63
19
?
－
＝
答え　本

15 ひき算 ⑤

月　日

1　トマトが54こあります。36こをジュースにすると、のこりは何こですか。

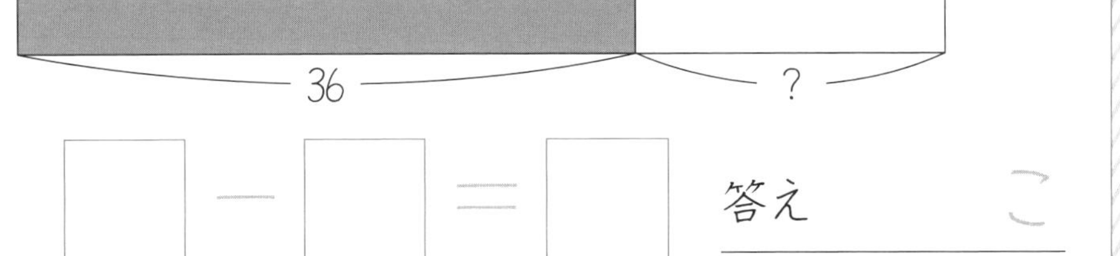

□ − □ ＝ □　　答え　　こ

2　えんぴつが72本あります。48人に1本ずつくばると、のこりは何本ですか。

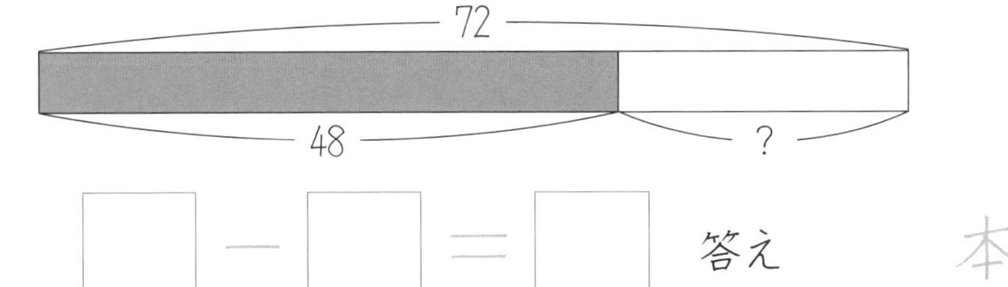

□ − □ ＝ □　　答え　　本

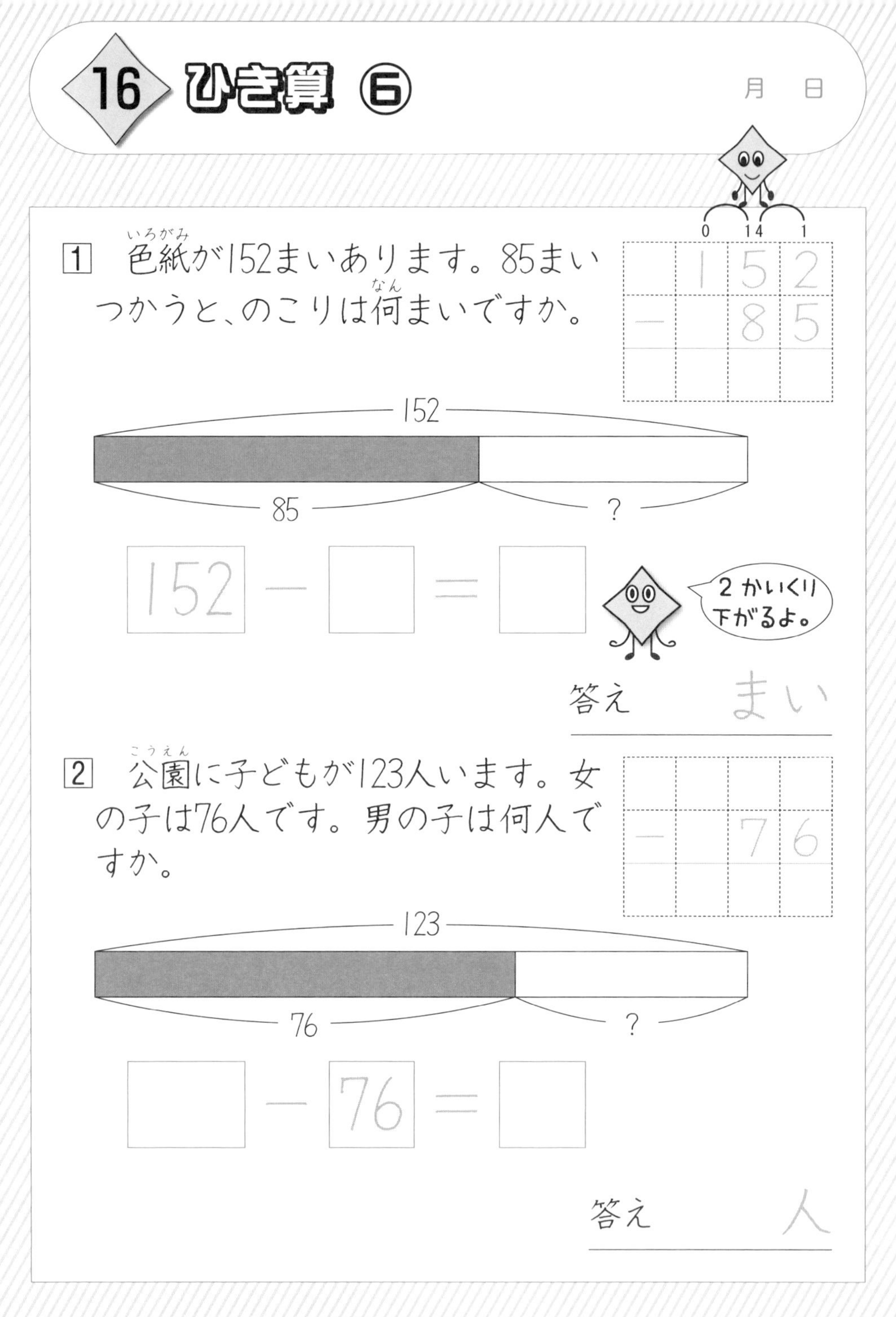
16
ひき算 ⑥
月　日
0 14 1
1 5 2
－ 8 5
1　色紙が152まいあります。85まいつかうと、のこりは何まいですか。
152
85
?
152 － □ ＝ □
2 かいくり下がるよ。
答え　まい
2　公園に子どもが123人います。女の子は76人です。男の子は何人ですか。
－ 7 6
123
76
?
□ － 76 ＝ □
答え　人

17 ひき算 ⑦

月　日

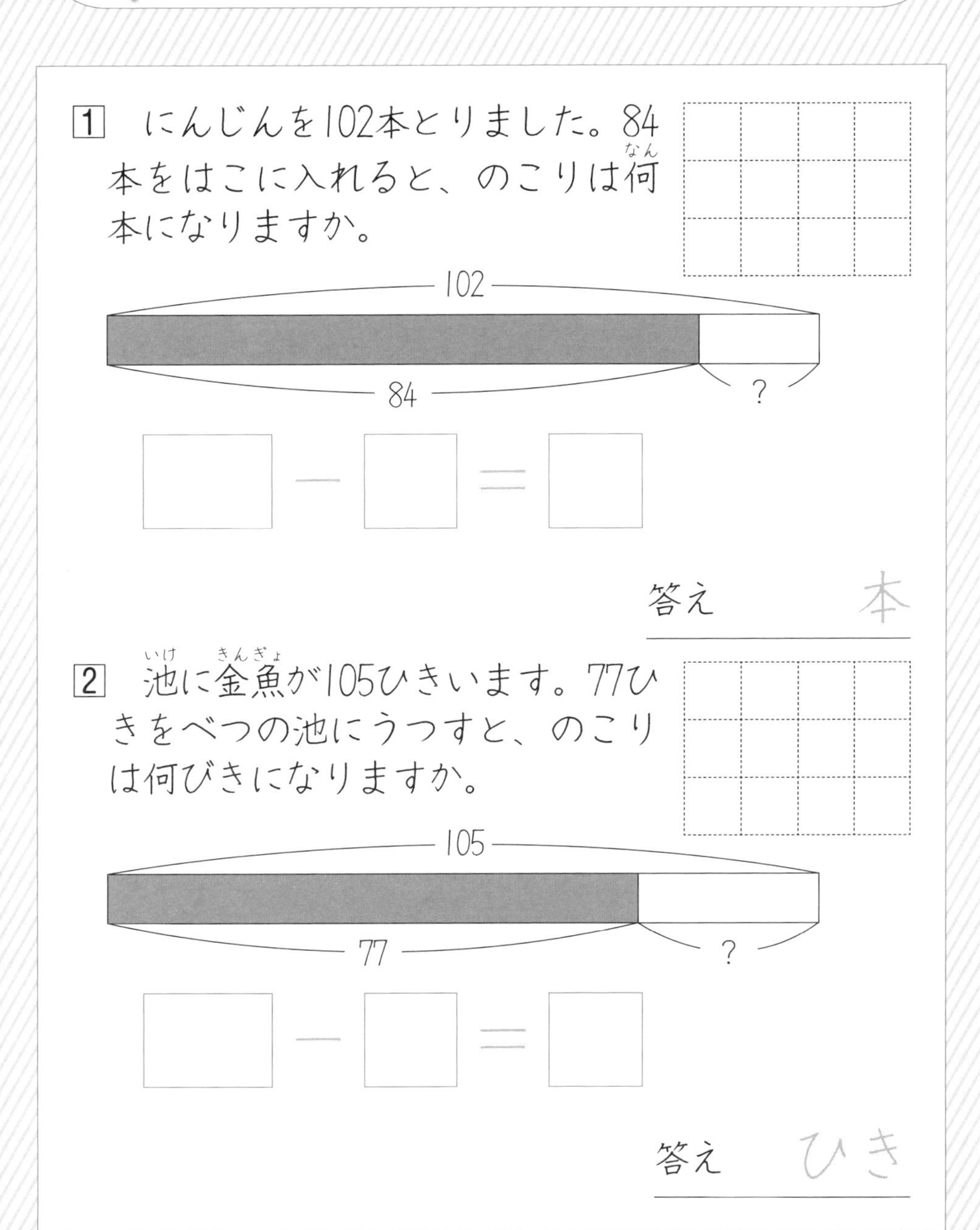

1　にんじんを102本とりました。84本をはこに入れると、のこりは何(なん)本になりますか。

□ － □ ＝ □

答え　　本

2　池(いけ)に金魚(きんぎょ)が105ひきいます。77ひきをべつの池にうつすと、のこりは何びきになりますか。

□ － □ ＝ □

答え　　ひき

18 ひき算 ⑧

月　日

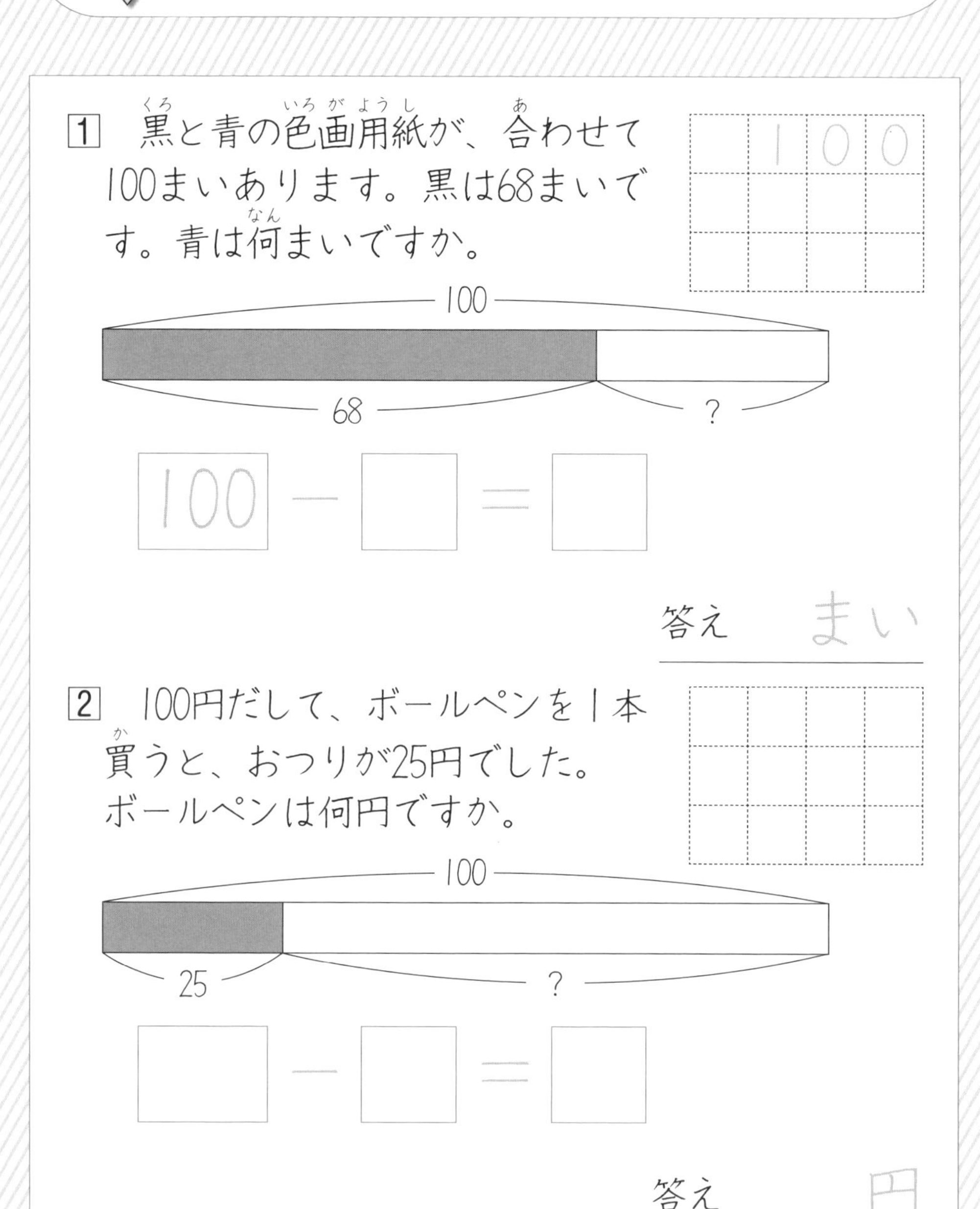

1 黒と青の色画用紙が、合わせて100まいあります。黒は68まいです。青は何まいですか。

2 100円だして、ボールペンを1本買うと、おつりが25円でした。ボールペンは何円ですか。

19 ひき算 ⑨

月　日

1　赤色のチューリップが75本あります。黄色は、赤色より28本少ないです。黄色は何本ですか。

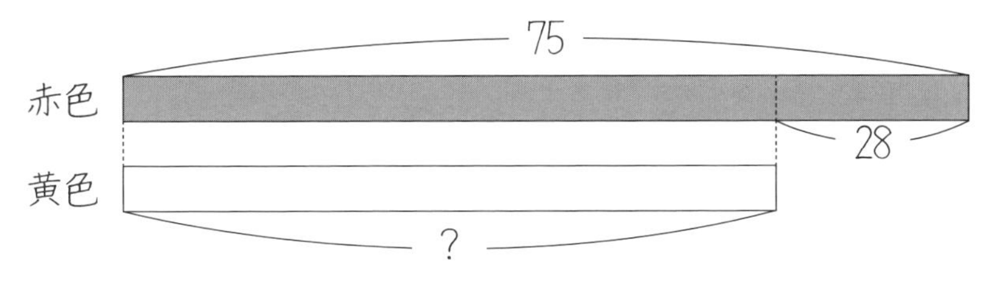

2　馬が51頭います。牛は馬より18頭少ないです。牛は何頭ですか。

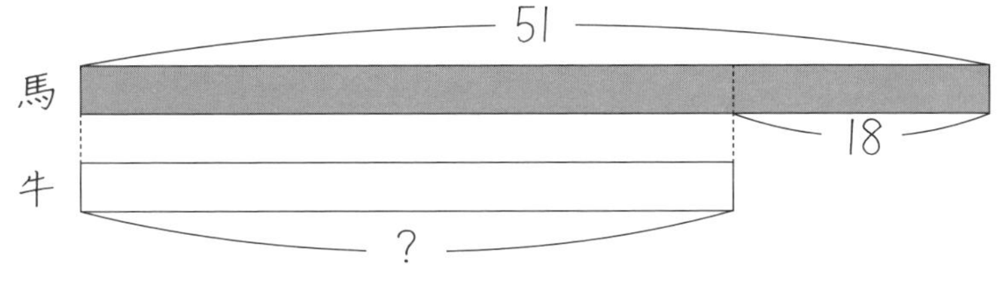

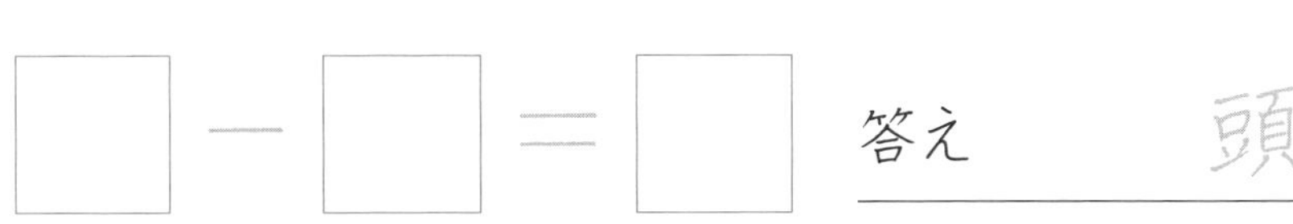

20 ひき算 ⑩

月　日

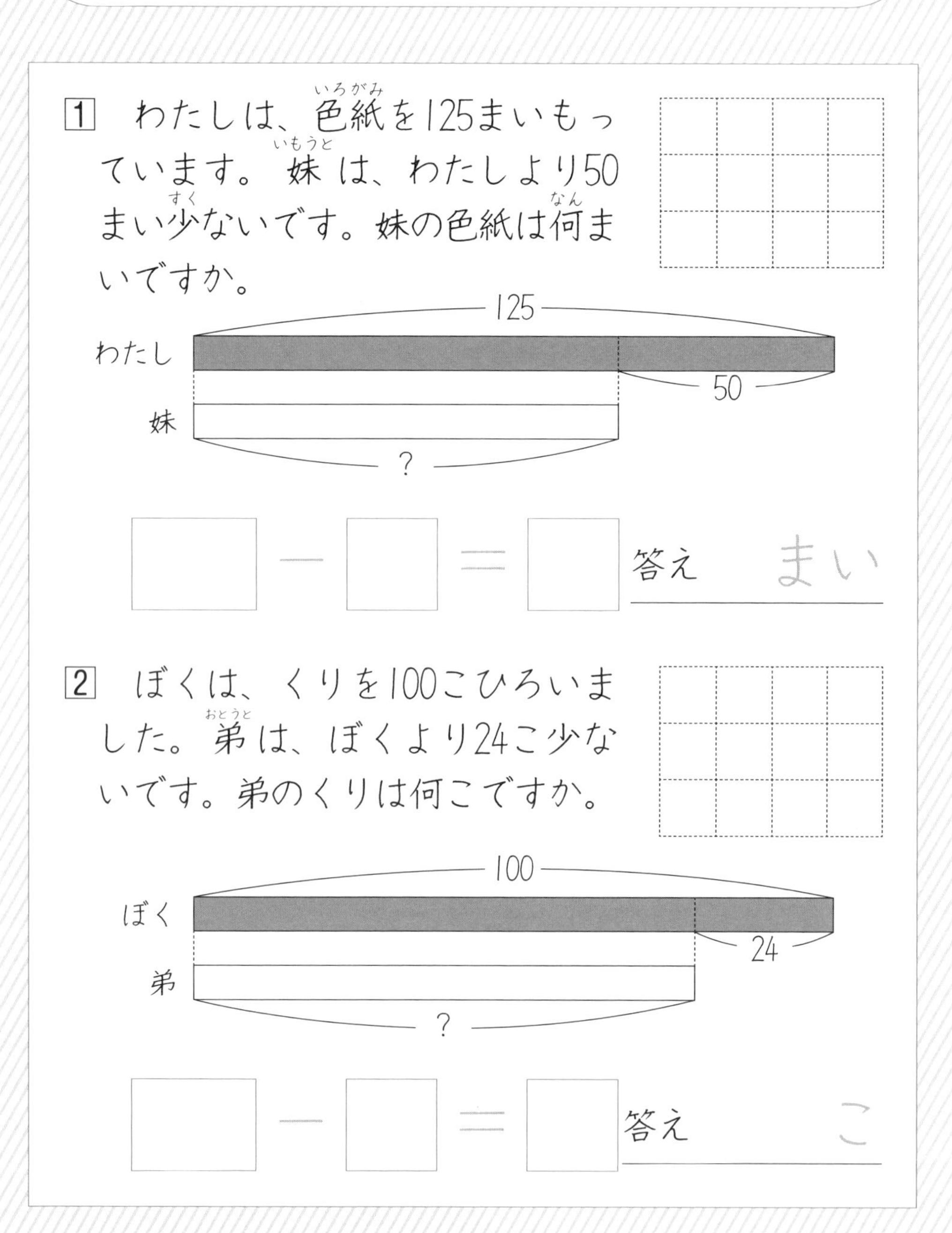

1 わたしは、色紙(いろがみ)を125まいもっています。妹(いもうと)は、わたしより50まい少(すく)ないです。妹の色紙は何(なん)まいですか。

□ − □ ＝ □　答え　まい

2 ぼくは、くりを100こひろいました。弟(おとうと)は、ぼくより24こ少ないです。弟のくりは何こですか。

□ − □ ＝ □　答え　こ

21 ひき算 ⑪

月　日

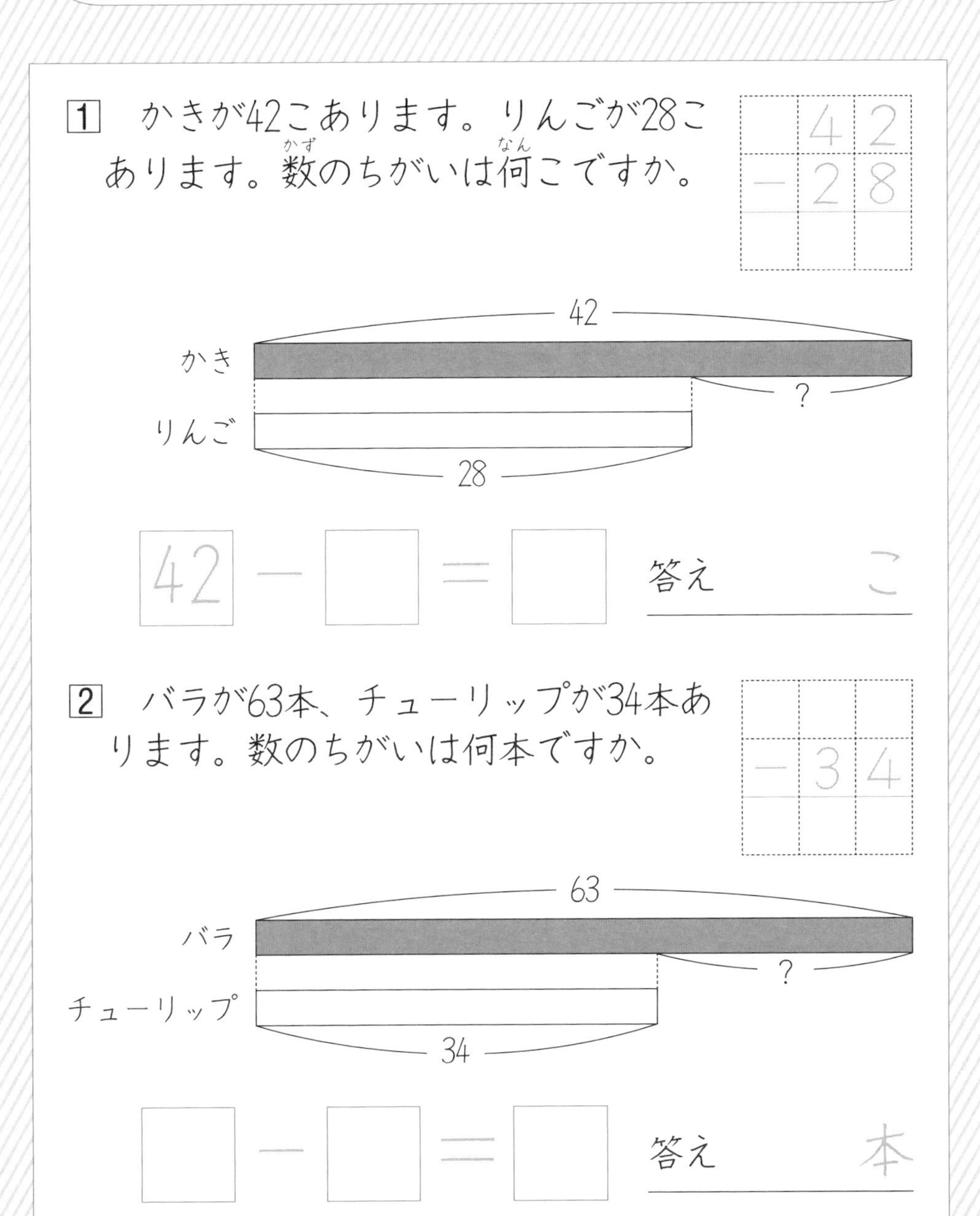

1　かきが42こあります。りんごが28こあります。数(かず)のちがいは何(なん)こですか。

2　バラが63本、チューリップが34本あります。数のちがいは何本ですか。

22 ひき算 ⑫

月　日

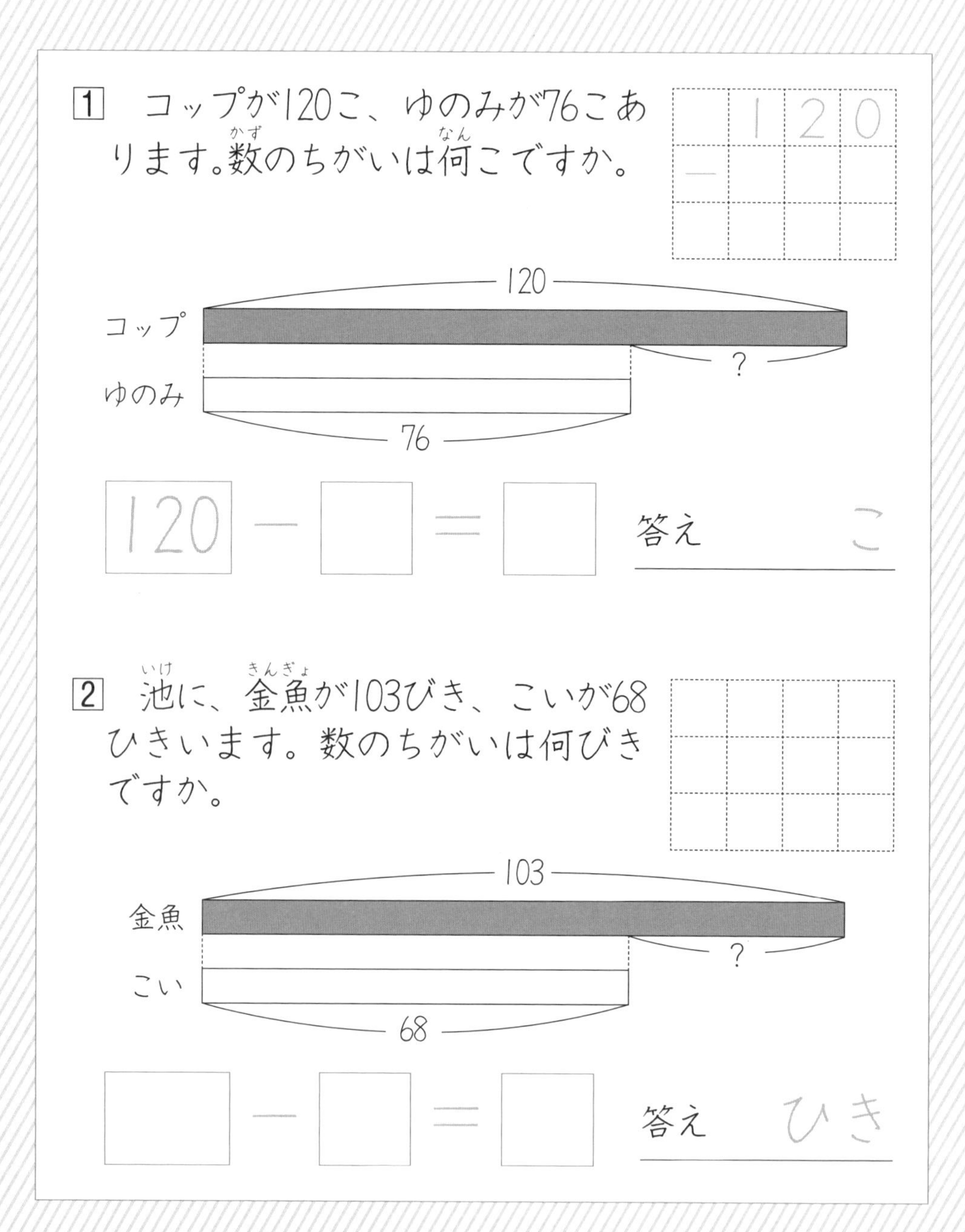

1　コップが120こ、ゆのみが76こあります。数(かず)のちがいは何(なん)こですか。
120
−
120
コップ
?
ゆのみ
76
120 − ＝
答え　こ
2　池(いけ)に、金魚(きんぎょ)が103びき、こいが68ひきいます。数のちがいは何びきですか。
103
金魚
?
こい
68
− ＝
答え　ひき

23 ひき算 ⑬

月　日

1　はくさいが90こ、キャベツが54こあります。はくさいのほうが何こ多いですか。

	9	0
−	5	4

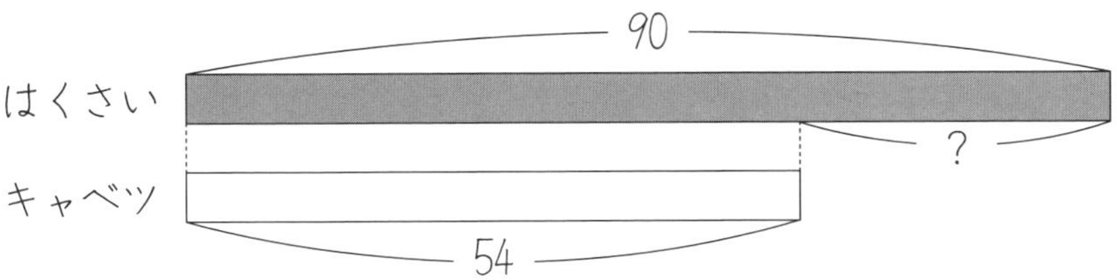

90

はくさい

?

キャベツ

54

□ − □ = □　答え　　こ

2　サイダーが81本、ジュースが47本あります。サイダーのほうが何本多いですか。

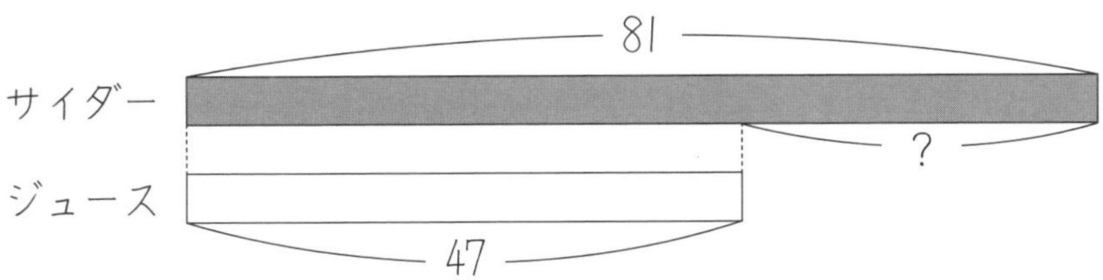

81

サイダー

?

ジュース

47

□ − □ = □　答え　　本

24 ひき算 ⑭

月　日

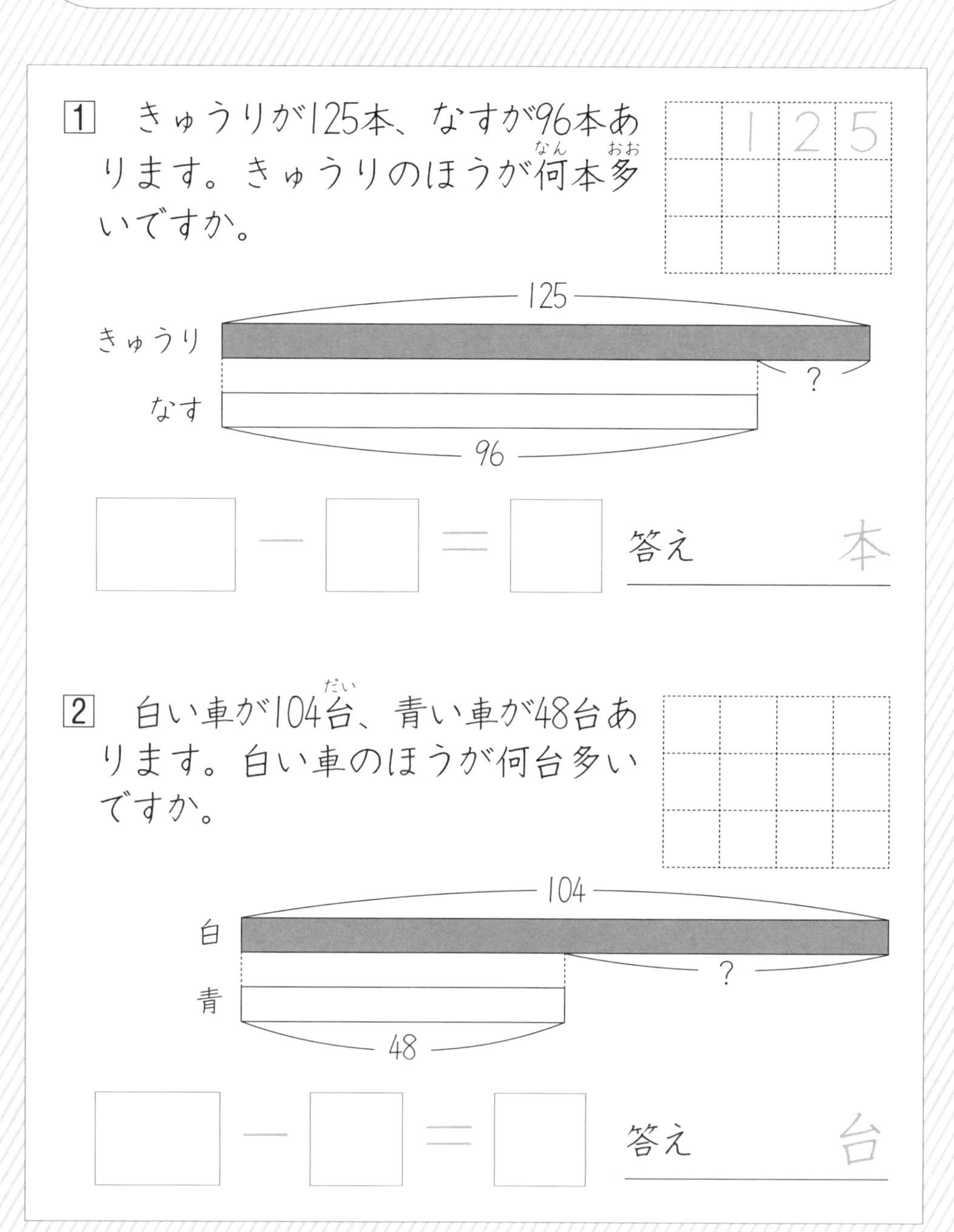

1　きゅうりが125本、なすが96本あります。きゅうりのほうが何本多いですか。

2　白い車が104台、青い車が48台あります。白い車のほうが何台多いですか。

25 ひき算 ⑮

月　日

1　金色(いろ)のリボンは100cm、ぎん色のリボンは65cmです。どちらが何(なん)cm長(なが)いですか。

	1	0	0

100

金色

?

ぎん色

65

□ − □ ＝ □

「どちらが」とあるよ。答え方にちゅうい。

答え　金色が□cm長い

2　赤いロープは152m、白いロープは97mです。どちらが何m長いですか。

□ − □ ＝ □

答え　赤が□m長い

26 ひき算 ⑯

月　日

1　青い花が133本、白い花が77本あります。どちらが何本多いですか。

133

青

?

白

77

□ − □ ＝ □

答え　青が□本多い

2　こおろぎが106ぴき、ばったが98ひきいます。どちらが何びき多いですか。

□ − □ ＝ □

答え　こおろぎが□ひき多い

27 九九をつかって ①

月　日

1　パンが1ふくろに、2こずつ入っています。
6ふくろ分のパンの数は何こですか。

1つ分の数　いくつ分　ぜんぶの数

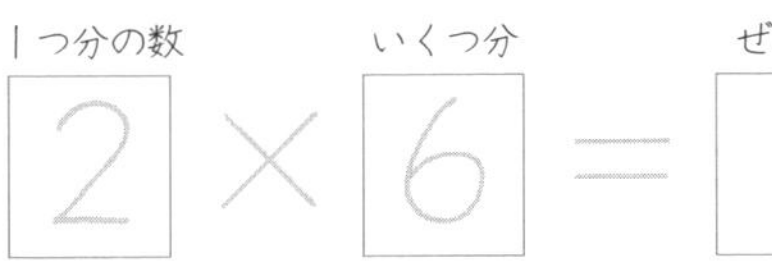

2 × 6 ＝ □

答え　　こ

2　ドーナツが1さらに、2こずつのっています。
5さら分のドーナツの数は何こですか。

1つ分の数　いくつ分　ぜんぶの数

□ × □ ＝ □

答え　　こ

28 九九をつかって ②

月　日

1　うさぎの耳は２本です。
うさぎ８ひき分(ぶん)の耳は、ぜんぶで何(なん)本ですか。

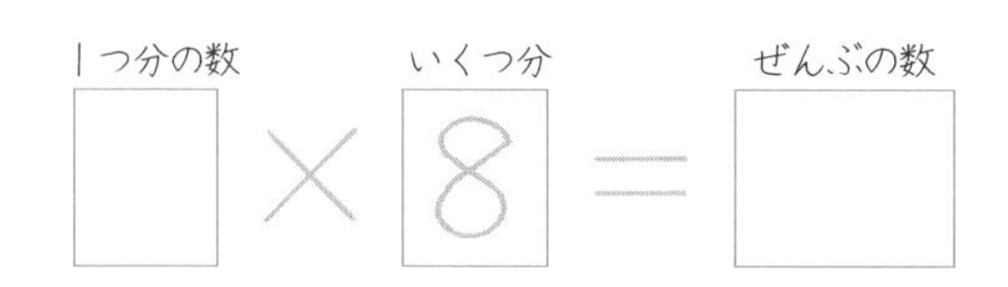

答え　　　本

2　ひつじの角(つの)は２本です。
ひつじ４頭(とう)分の角は、ぜんぶで何本ですか。

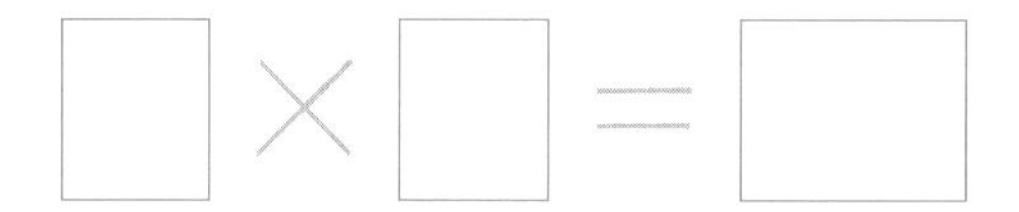

答え　　　本

月　日

1　まんじゅうが１さらに２こあります。
３さら分のまんじゅうは何こですか。

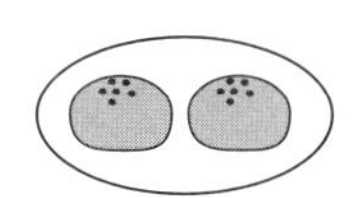 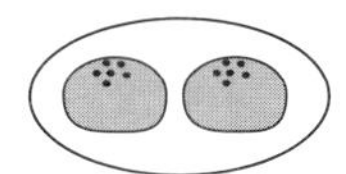 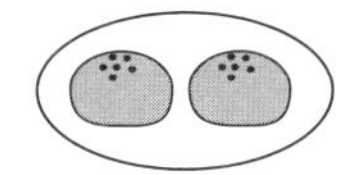

答え　

2　自てん車のタイヤは１台に２こです。
自てん車７台分のタイヤは何こですか。

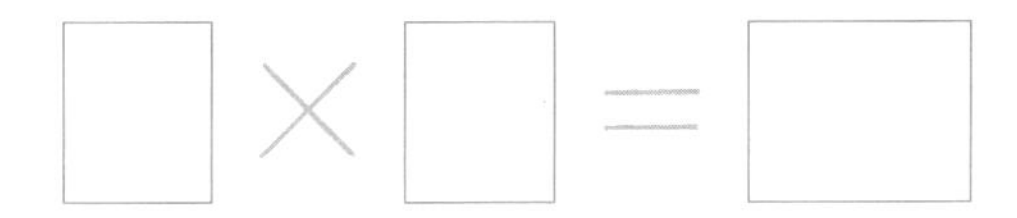

答え　こ

30 九九をつかって ④

月　日

1 牛の角は２本です。
牛２頭の角は何本ですか。

答え　　　本

2 ケーキが１さらに２こあります。
９さら分のケーキは何こですか。

答え　　　こ

31 九九をつかって ⑤

月　日

1　なすが1（ひと）つのざるに5こ入っています。
ざる2つ分（ぶん）のなすは何（なん）こですか。

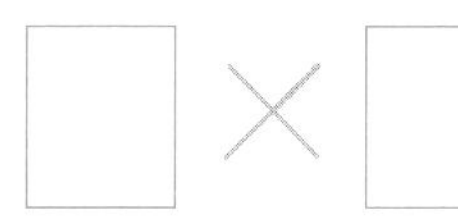
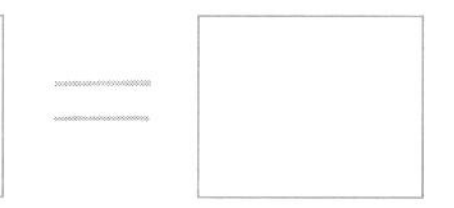

□×□＝□

答え　　　　こ

2　パンが1ふくろに5こ入っています。
5ふくろ分のパンは何こですか。

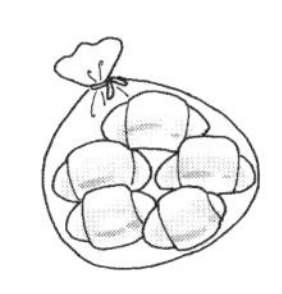
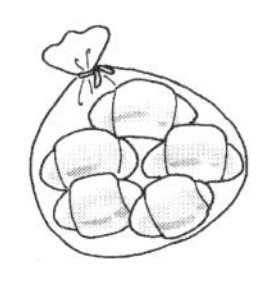
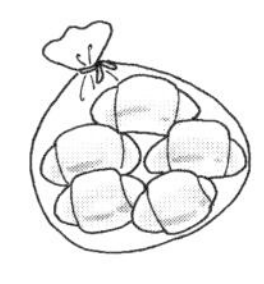
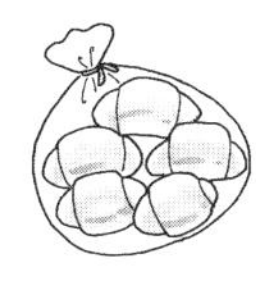

□×□＝□

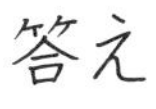

答え　　　　こ

32 九九をつかって ⑥

月　日

1 花を５本さした花(か)びんが４つあります。
花はぜんぶで何(なん)本ですか。

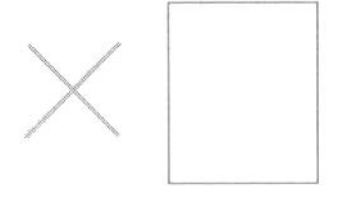

答え 

2 ドーナツが１(ひと)はこに５こ入っています。
８はこ分(ぶん)のドーナツは何こですか。

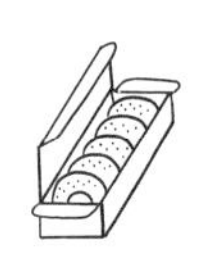
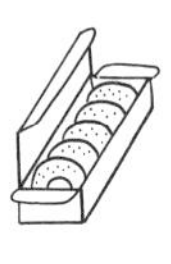

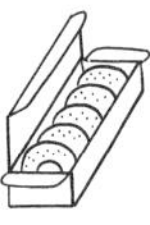

答え 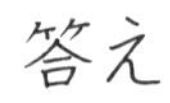

33 九九をつかって ⑦

月　日

1　5人で組(くみ)をつくって、なわとびをします。
3組あると、みんなで何(なん)人ですか。

□ × □ ＝ □

答え　　　人

2　ざるにみかんが5こずつ入っています。
ざるが7つあると、みかんは何こですか。

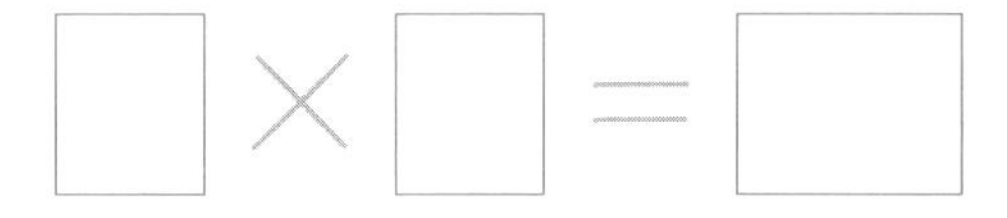

答え　　　こ

34 九九をつかって ⑧

月　日

1 5円こうかが9まいあります。
ぜんぶで何(なん)円ですか。

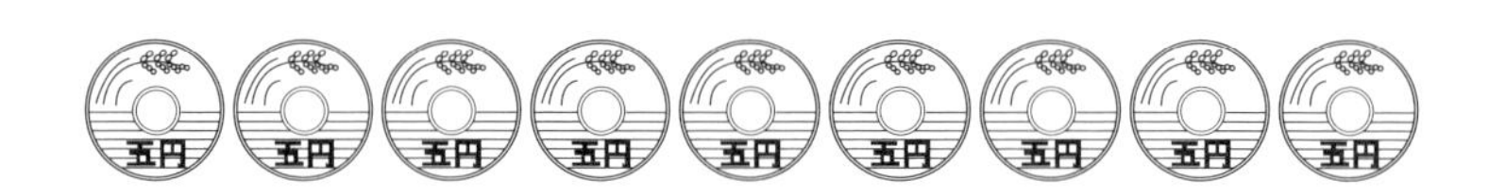

答え　　　円

2 りんごが1(ひと)さらに5こあります。
6さら分(ぶん)のりんごは何こですか。

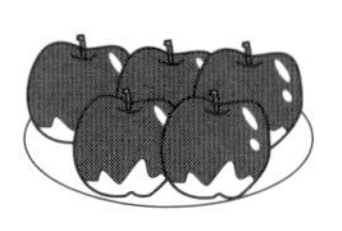
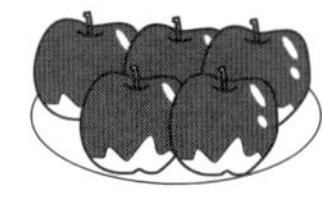
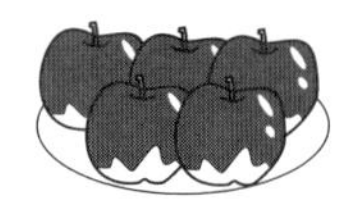

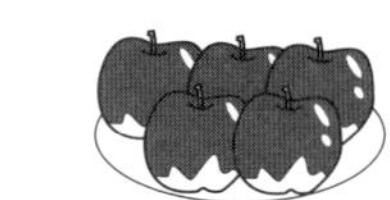
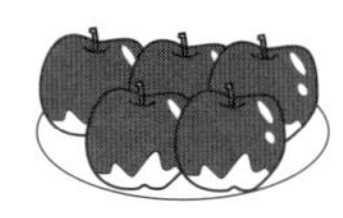
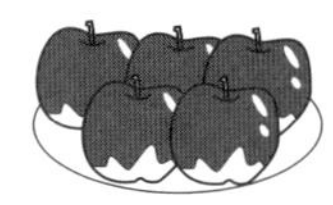

答え　　　こ

35 九九をつかって ⑨

月　日

1　肉(にく)まんが1(ひと)はこに3こ入っています。
2(ふた)はこ分(ぶん)の肉まんは何(なん)こですか。

答え　　　こ

2　ぎょうざが1さらに3こあります。
6さら分のぎょうざは何こですか。

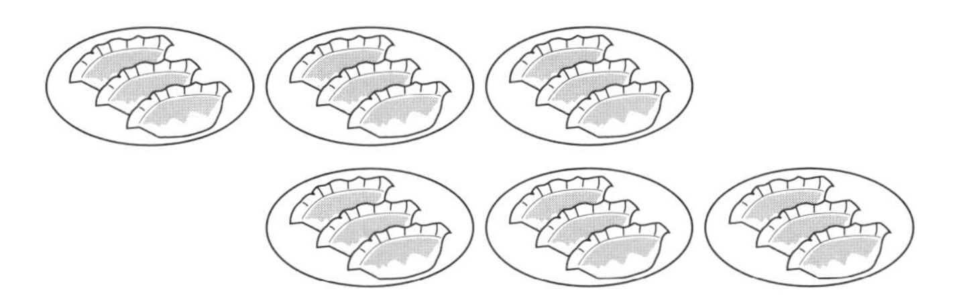

答え　　　こ

36 九九をつかって ⑩

月　日

1　1人(ひとり)に3こずつ、みかんをくばります。4人分(ぶん)のみかんの数(かず)は何(なん)こですか。

答え　　　こ

2　長(なが)さ3mのロープで、まっすぐに7回(かい)はかります。ぜんたいの長さは何mですか。

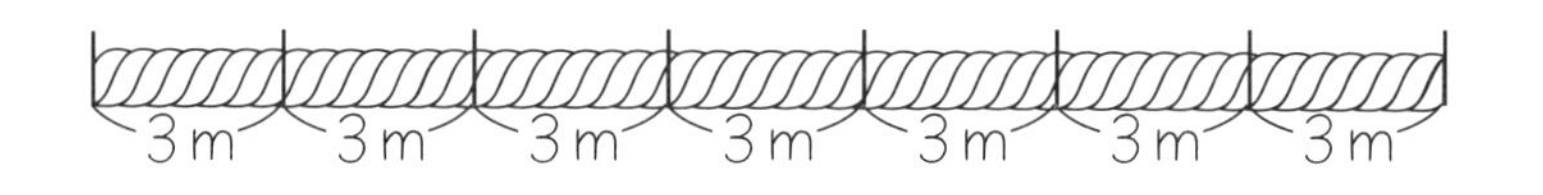

答え　　　m

37 九九をつかって ⑪

月　日

1 三りん車の車りんは、１台（だい）に３こです。
三りん車５台分（ぶん）の車りんは、何（なん）こですか。

 ×  ＝ 

答え　　　　こ

2 だんごがくしに３こさしてあります。
３くし分のだんごは、何こですか。

 ×  ＝  

答え　　　　こ

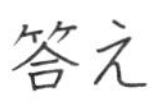

38 九九をつかって ⑫

月　日

1　どらやきが1はこに3こ入っています。
8はこ分のどらやきは、何こですか。

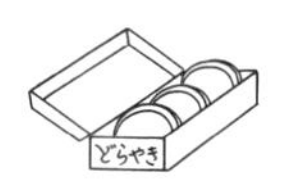 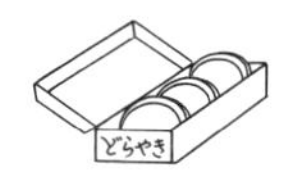 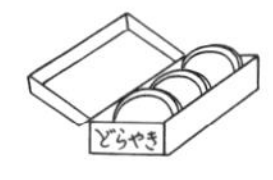 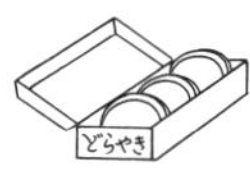

  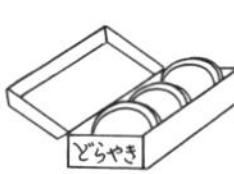 

 ×  = 

答え　　こ

2　金魚が3びき入った金魚ばちがあります。
金魚ばち9こ分の金魚は、何びきですか。

  ×  =  

答え　ひき

1　プリンが1(ひと)はこに4こ入っています。
5はこ分(ぶん)のプリンは、何(なん)こですか。

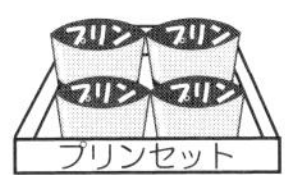

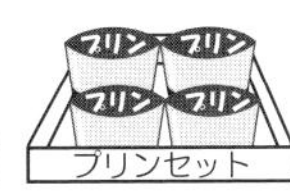

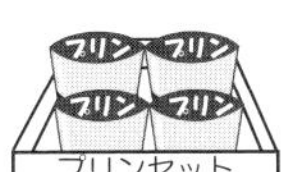

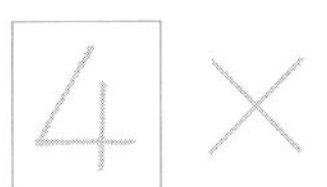
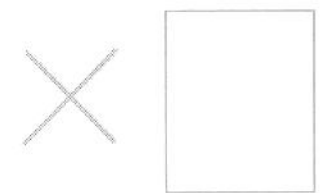

4 × □ = □

答え　　　　こ

2　パンダの足は4本です。
パンダ3頭(とう)では、足は何本ですか。

□ × □ = □

答え　　　　本

40 九九をつかって ⑭

月　日

1　かえるの足は４本です。かえるが９ひきいると、足は何(なん)本ですか。

答え　　　本

2　１パック４こ入りのたまごがあります。６パックあると、たまごは何こですか。

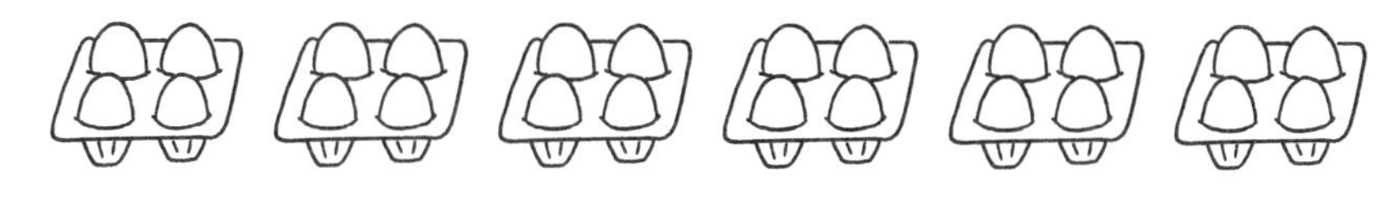

答え　　　こ

41 九九をつかって ⑮

月　日

1　色紙を１人に、４まいずつくばります。
４人にくばると、色紙は何まいですか。

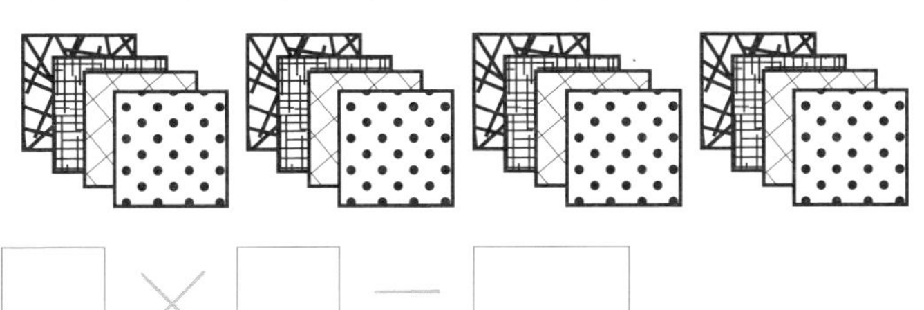

□ × □ ＝ □

答え　　まい

2　とんぼの羽は４まいです。
とんぼ８ひき分の羽は、何まいですか。

答え　　まい

42 九九をつかって ⑯

月　日

1 水そうに、水を4L(リットル)ずつ入れます。
水そう2こ分(ぶん)の水は、何(なん)Lですか。

□ × □ ＝ □

答え　　　L

2 長(なが)さ4mのパイプを7本つなぎます。
ぜんたいの長さは、何mですか。

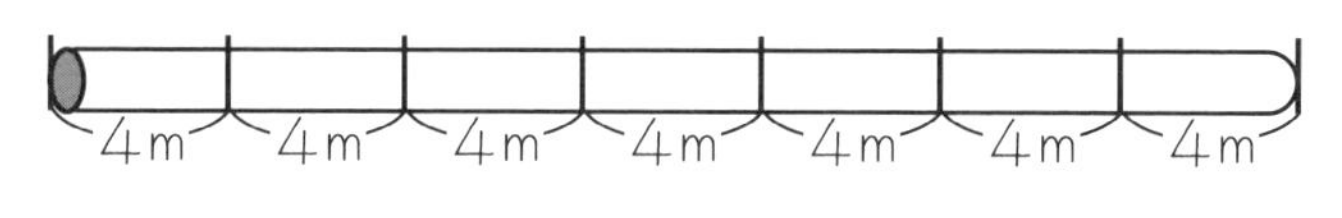

答え　　　m

43 九九をつかって ⑰

月　日

1　1パック6本のかんジュースがあります。
5パック分(ぶん)のかんジュースは、何(なん)本ですか。

6 × □ ＝ □

答え　　　本

2　いちごが1(ひと)さらに6こあります。
6さら分のいちごは、何こですか。

□ × □ ＝ □

答え　　　こ

44 九九をつかって ⑱

月　日

1 女の子の６人組(ぐみ)が４つあります。
女の子は、みんなで何(なん)人ですか。

答え　　　　人

2 長(なが)さ６cmのカードが７まいあります。
ぜんぶつなぐと何cmですか。

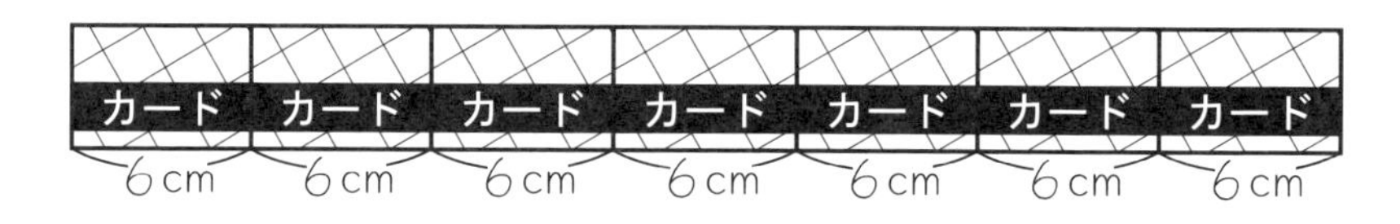

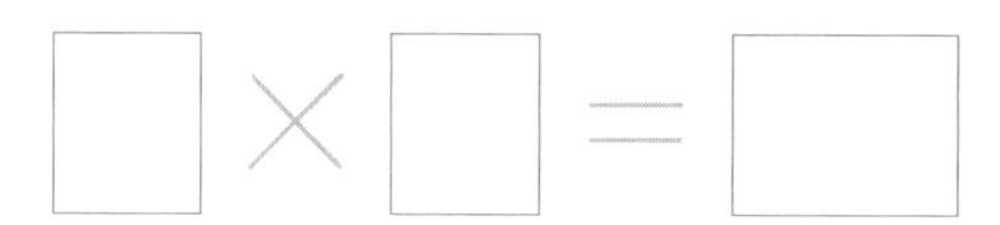

答え　　　　cm

45 九九をつかって ⑲

月　日

1　1(ひと)はこ６こ入りのボールがあります。
3はこ分(ぶん)のボールは何(なん)こですか。

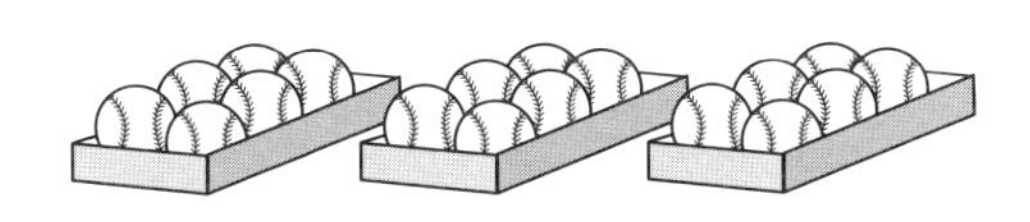

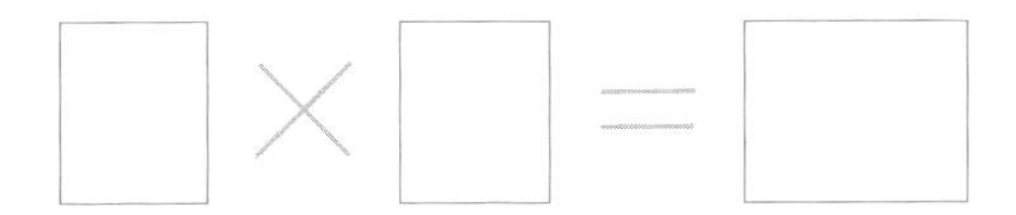

答え　　　　こ

2　せみの足は６本です。
9ひき分の足は何本ですか。

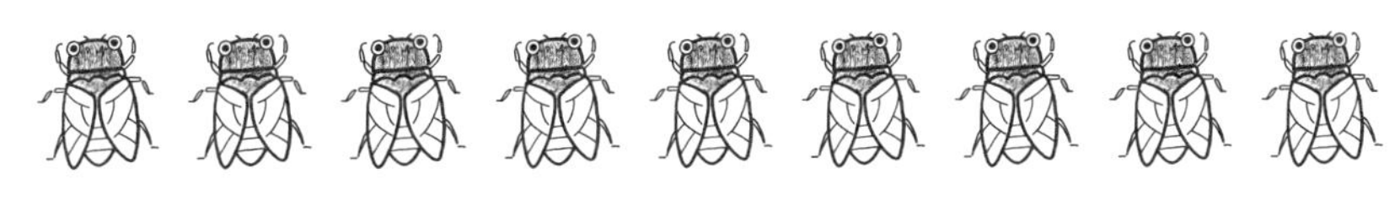

答え　　　　本

46 九九をつかって ⑳

月　日

1 金魚(きんぎょ)ばちに水を６ dL(デシリットル) 入れます。
金魚ばち２こ分(ぶん)の水は、何(なん)dLですか。

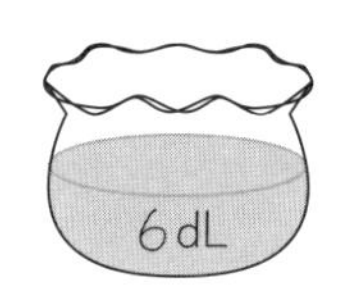

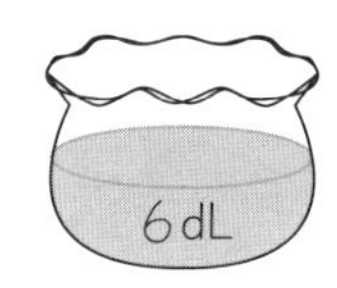

答え　　　dL

2 くわがたむしの足は６本です。
８ひきいると、足は何本ですか。

答え　　　本

47 九九をつかって ㉑

月　日

1 ななほしてんとうには、羽(はね)に7このほし（黒丸(くろまる)）があります。6ぴき分(ぶん)のほしの数(かず)は何(なん)こですか。

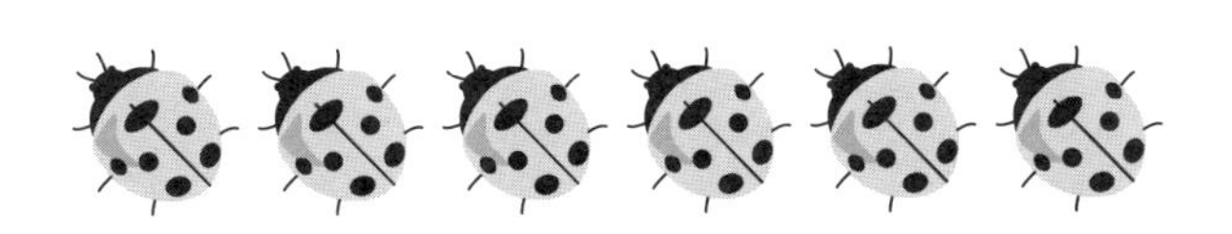

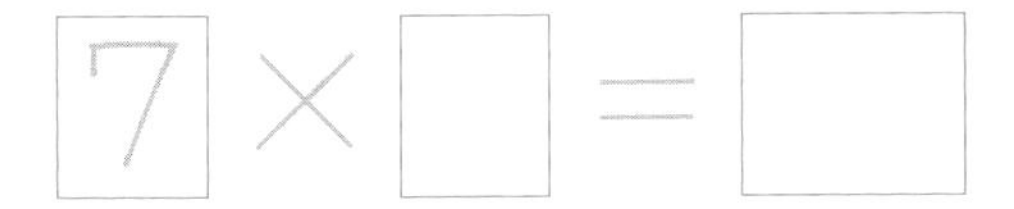

答え　　　　こ

2 いちごが1(ひと)かごに7こ入っています。
4かご分のいちごの数は何こですか。

答え　　　　こ

48 九九をつかって ㉒

月　日

1 1さらにいちごが7こあります。
8さら分のいちごは何こですか。

□ × □ ＝ □

答え　　　　こ

2 水を7L入れたバケツが5こあります。
水はぜんぶで何Lですか。

□ × □ ＝ □

答え　　　　L

49 九九をつかって ㉓

月　日

1 1週間（いっしゅうかん）は7日です。7週間は何（なん）日ですか。

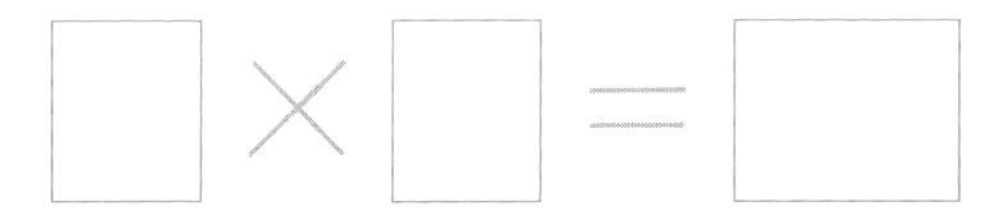

答え　　　日

2 7人のれる車が3台（だい）あります。
どの車にも7人のると、みんなで何人ですか。

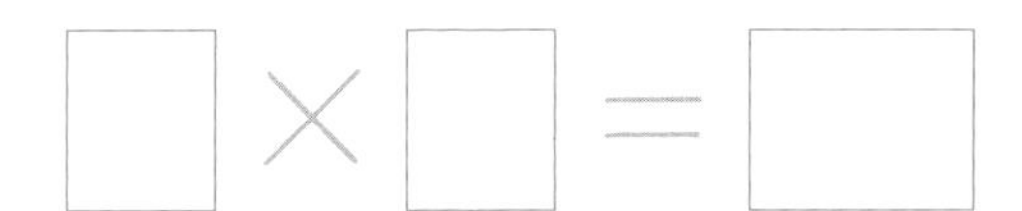

答え　　　人

九九をつかって ㉔

月　日

1 高(たか)さが7cmのはこがあります。
9こつみ上げると何(なん)cmですか。

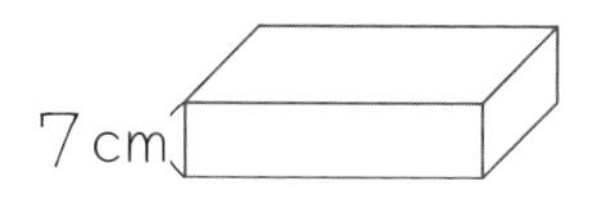

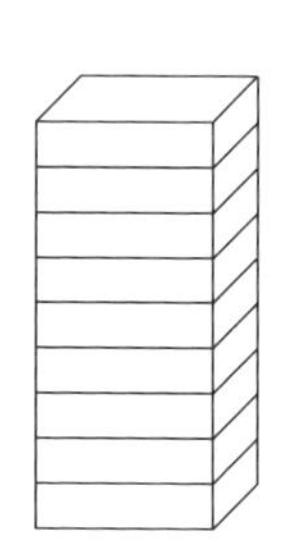

答え　　cm

2 1(ひと)ふくろ7こ入りのみかんがあります。
2(ふた)ふくろ分(ぶん)のみかんは何こですか。

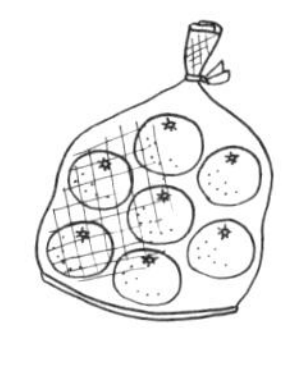

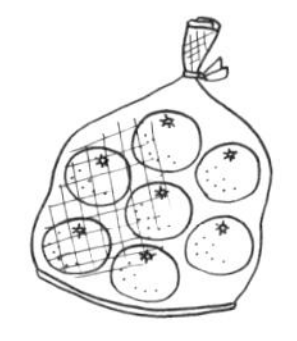

答え　　こ

九九をつかって ㉕

月　　日

1　くもの足は８本です。
くも２ひき分の足は、何本ですか。

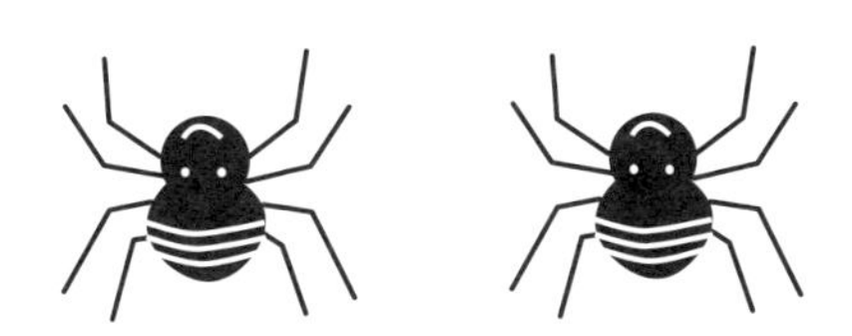

8 × □ ＝ □

答え　　　本

2　コスモスの花びらは８まいです。
花６本分の花びらは、何まいですか。

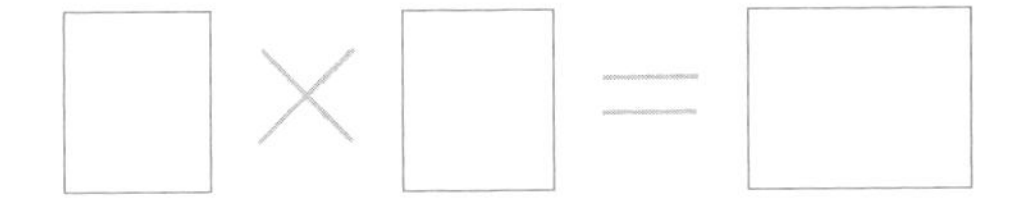

答え　　　まい

52 九九をつかって ㉖

月　日

1 1ふくろ8まい入りの食パンがあります。
5ふくろ分の食パンは、何まいですか。

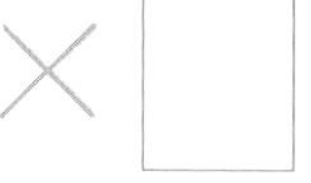

答え　　　まい

2 長さ8cmのいたが7まいあります。
ぜんぶつなぐと何cmですか。

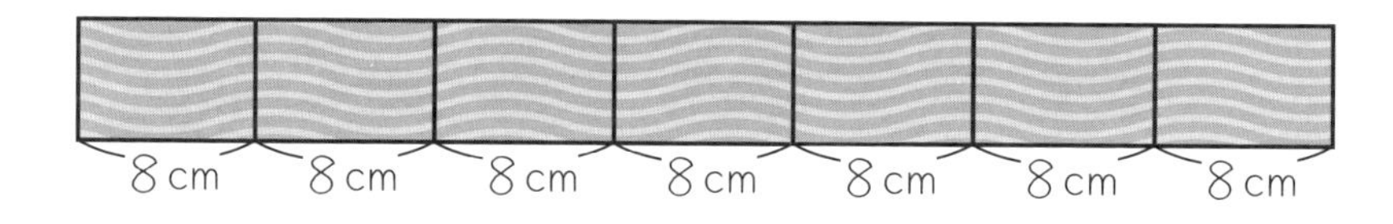

答え　　　cm

53 九九をつかって ㉗

月　日

1　1きゃくの長(なが)いすに8人こしかけます。
　4きゃくの長いすでは、何(なん)人までこしかけられますか。

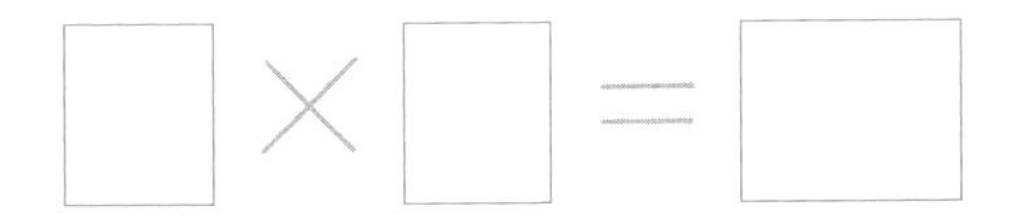

答え　

2　1はこ8本入りのカラーペンが、9はこあります。カラーペンは、ぜんぶで何本ですか。

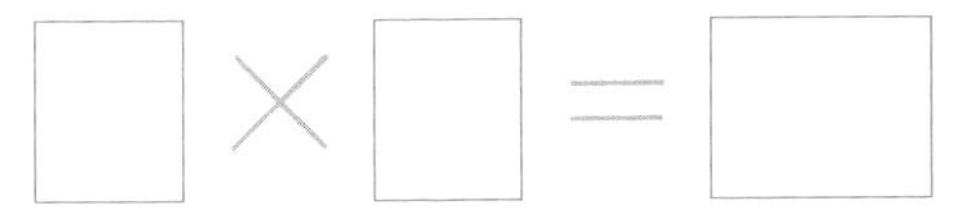

答え　

54 九九をつかって ㉘

月　日

1　たこ1ぴきの足は8本です。
たこ8ひき分の足は、何本ですか。

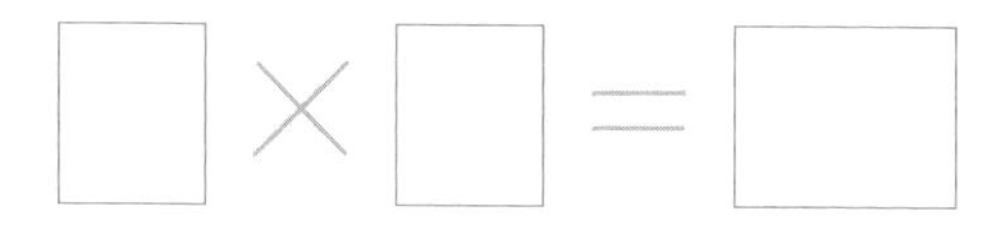

答え　　本

2　1ふくろに、たまごは8こです。
3ふくろ分のたまごは、何こですか。

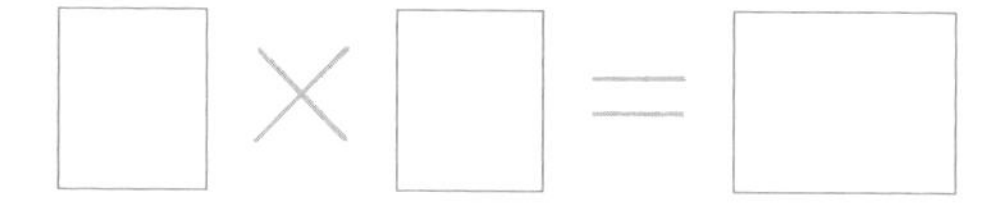

答え　　こ

55 九九をつかって ㉙

月　日

1　1チーム9人で、やきゅうをします。
2チームでは、何人(なん)ですか。

9 × □ ＝ □

答え　　人

2　9mの6ばいは何mですか。

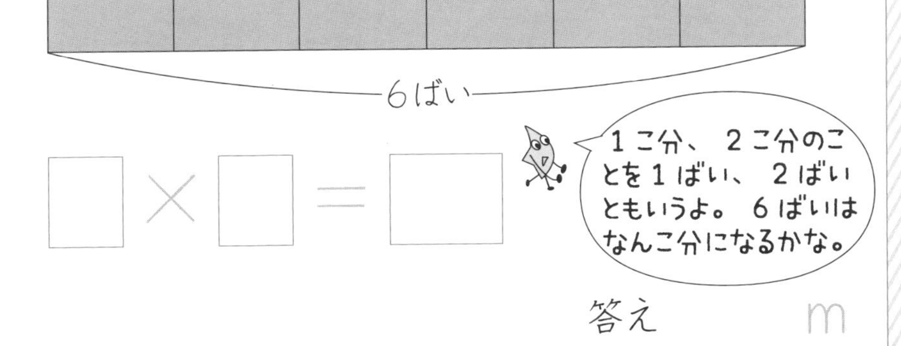

□ × □ ＝ □

答え　　m

56 九九をつかって ㉚

月　日

1　1こ分(ぶん)のガムは9まいです。
9こ分のガムは、何(なん)まいですか。

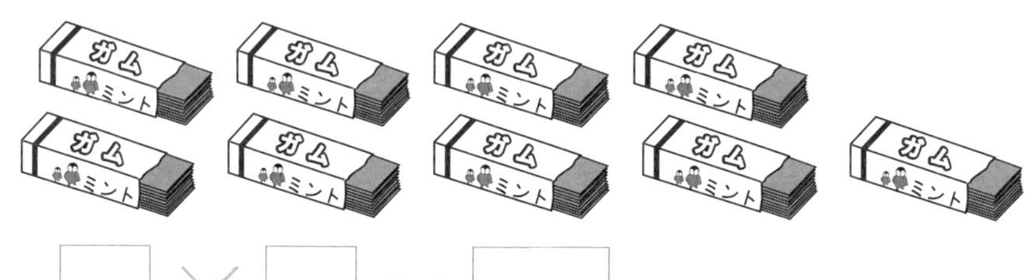

□ × □ ＝ □

答え　　まい

2　1(ひと)はこ9まい入りのクッキーがあります。
4はこ分のクッキーは、何まいですか。

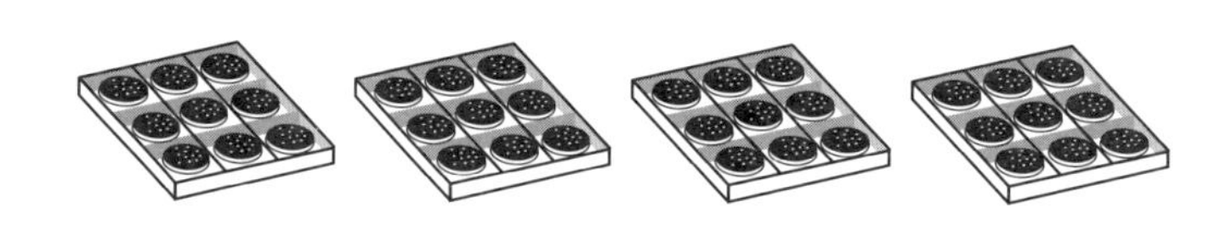

答え　　まい

57 九九をつかって ㉛

月　日

1　風船(ふうせん)9こを1(ひと)たばにします。
5たばあります。風船は、ぜんぶで何(なん)こですか。

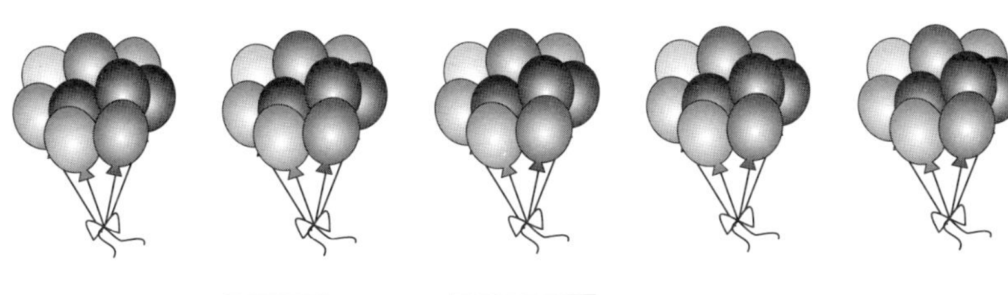

答え　　　　こ

2　9 dL(デシリットル) 入りのオレンジジュースが8パックあります。
オレンジジュースは、ぜんぶで何dLですか。

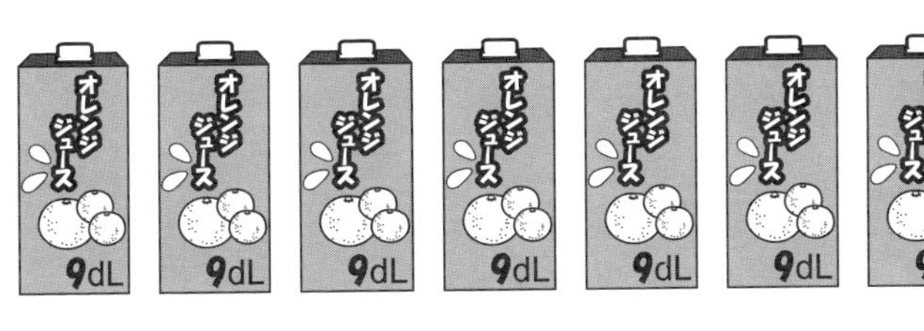

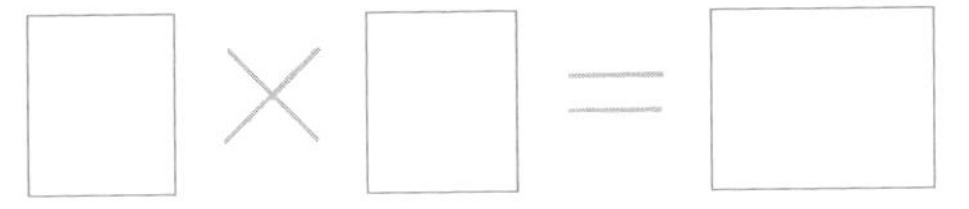

答え　　　　dL

58 九九をつかって ㉜

月　　日

1　1きゃくの長(なが)いすに9人こしかけます。
長いす3きゃくに、こしかけると、何(なん)人ですか。

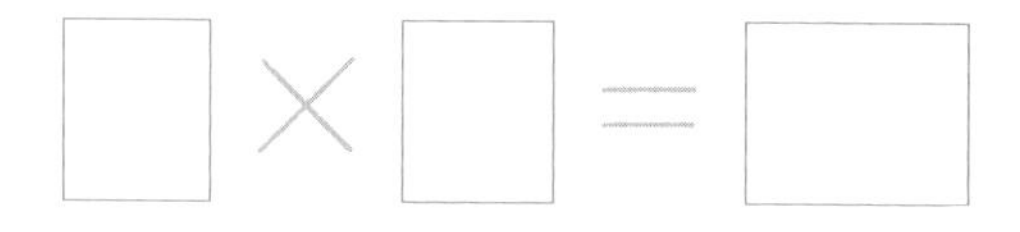

□×□＝□

答え　　　　人

2　1人(ひとり)に9こずつ、あめをくばります。
7人分(ぶん)のあめは、何こですか。

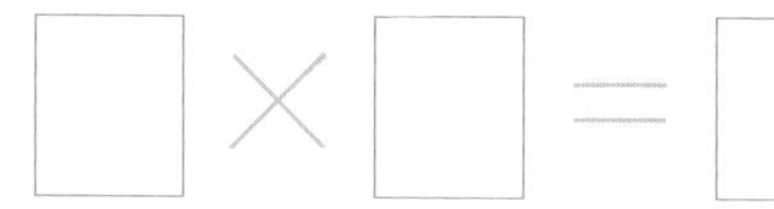

□×□＝□

答え　　　　こ

月　日

1　１りん車の車りんは、１台(だい)に１こです。
１りん車４台分(ぶん)の車りんは、何(なん)こですか。

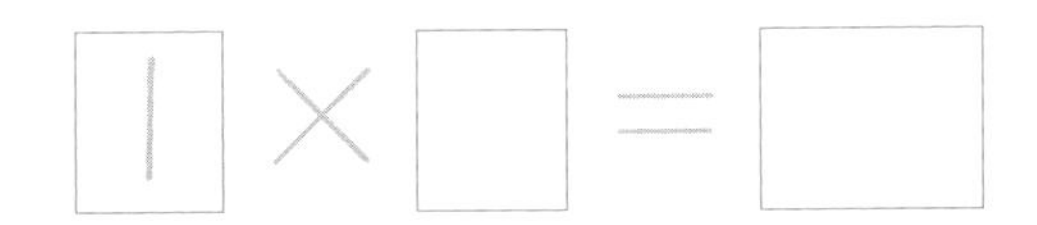

答え　　　こ

2　長(なが)さ１mのパイプが９本あります。
まっすぐつなぐと、何mですか。

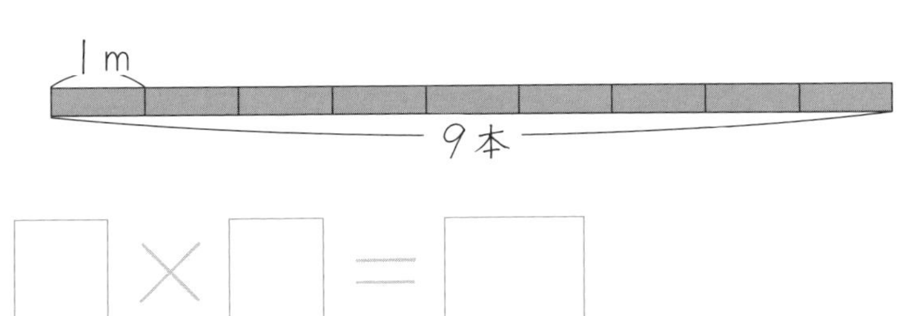

答え　　　m

60 九九をつかって ㉞

月　日

1　1L（リットル）の牛（ぎゅう）にゅうパックが5本あります。
牛にゅうは、ぜんぶで何（なん）Lですか。

答え　　　L

2　ケーキは、1（ひと）さらに1こです。
7さら分（ぶん）のケーキは、何こですか。

答え　　　こ

61 九九をつかって ㉟

月　日

1 うさぎがはこに１ぴきいます。
はこは２こあります。うさぎは、何びきですか。

□×□＝□

答え　　ひき

2 さるのしっぽは１本です。さるは８ひきいます。
しっぽは、ぜんぶで何本ですか。

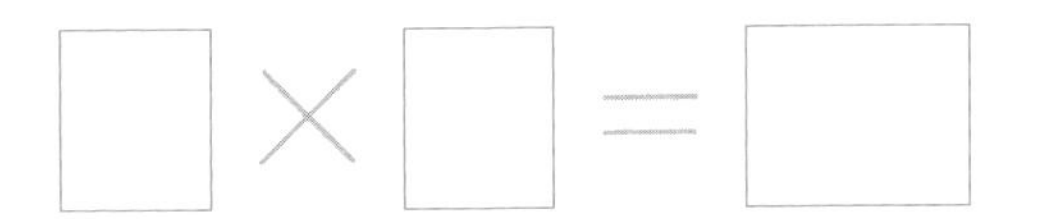

答え　　本

62 九九をつかって ㊱

月　　日

1　りすがどんぐりを１こもっています。りすは６ぴきいます。どんぐりは、ぜんぶで何(なん)こですか。

□ × □ ＝ □

答え　　　　こ

2　おり紙(がみ)を１人(ひとり)に１たばくばります。
３人にくばると、何たばいりますか。

答え　　　たば

63 九九をつかって ㊲

月　日

1　ちょうちょの羽（はね）は4まいです。
ちょうちょ7ひき分（ぶん）の羽は、何（なん）まいですか。

7ひき

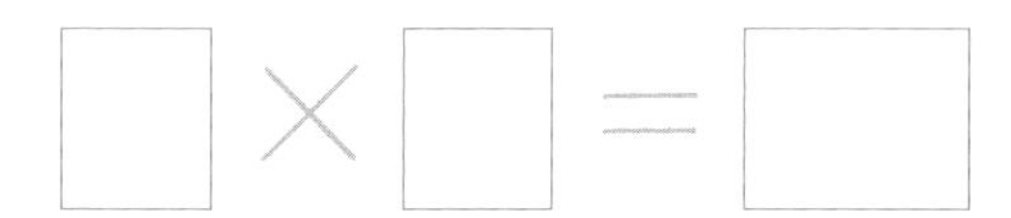

答え　　まい

2　1週間（しゅうかん）は7日です。4週間は何日ですか。

4週間

答え　　日

1 8人で1グループです。
3グループつくると、何人ですか。

3グループ

答え 人

2 長さ3mのテープが5本あります。
ぜんぶつなぐと、何mですか。

3m
5本

答え m

65 九九をつかって ㊴

月　日

1　にわとりの足は２本です。
にわとり６羽分の足は、何本ですか。

６羽

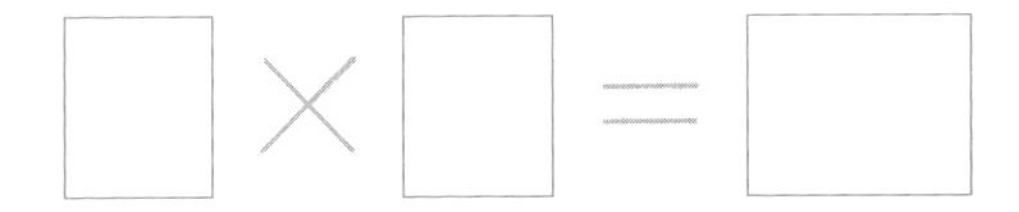

答え　　本

2　ほたるの足は６本です。
ほたる７ひき分の足は、何本ですか。

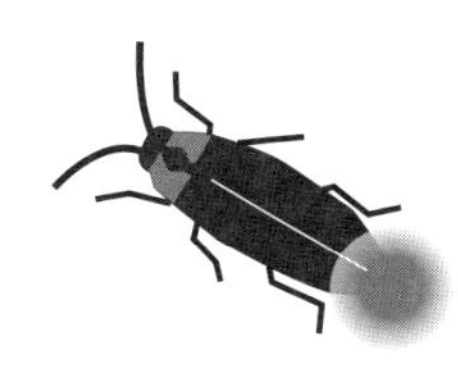

７ひき

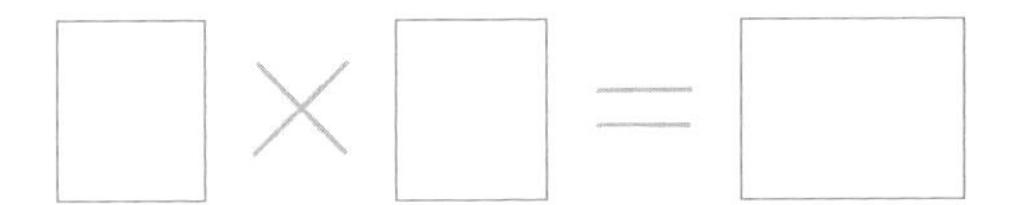

答え　　本

66 九九をつかって ㊵

月　日

1　1このバケツに、水が5L（リットル）入っています。
バケツ4こ分（ぶん）の水は、何（なん）Lですか。

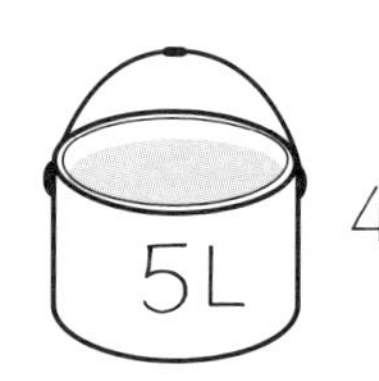

答え　　　L

2　9dL（デシリットル）入りのジュースが3パックあります。
ジュースは、ぜんぶで何dLですか。

答え　　　dL

67 かけ算とたし算 ①

月　日

1　メロンを4こずつ、8はこに入れました。まだ、18こあります。メロンは、ぜんぶで何(なん)こありましたか。

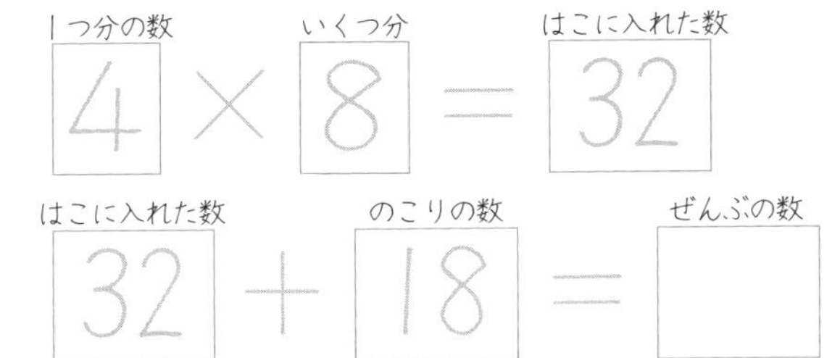

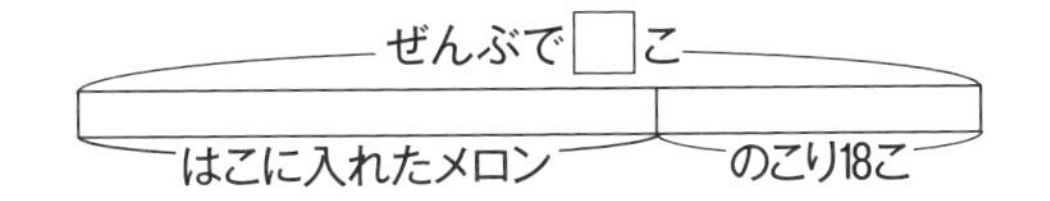

ぜんぶで□こ

はこに入れたメロン　のこり18こ

答え　　　　こ

2　すいかを4こずつ、6はこに入れました。まだ、18こあります。すいかは、ぜんぶで何こありましたか。

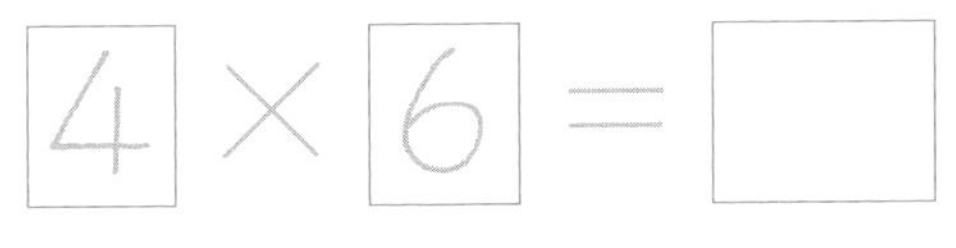

答え　　　　こ

68 かけ算とたし算 ②

月　日

1　カードを7まいずつ、4人にくばりました。まだ、25まいあります。カードは、ぜんぶで何(なん)まいありましたか。

答え　まい

2　カードを8まいずつ、6人にくばりました。まだ、25まいあります。カードは、ぜんぶで何まいありましたか。

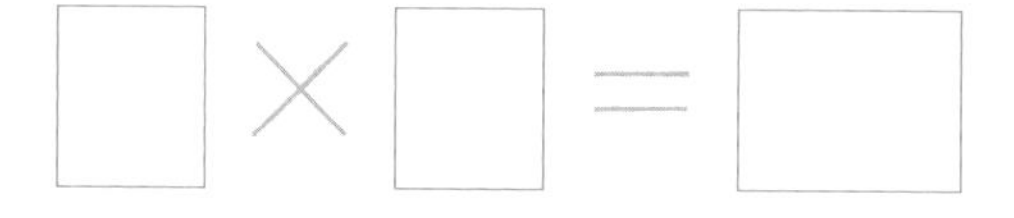

答え　まい

69 かけ算とたし算 ③

月　日

1　えんぴつを6本ずつ、8人にくばりました。まだ、18本あります。えんぴつは、ぜんぶで何(なん)本ありましたか。

答え　　本

2　クッキーを9こずつ、5はこに入れました。まだ、20こあります。クッキーは、ぜんぶで何こありましたか。

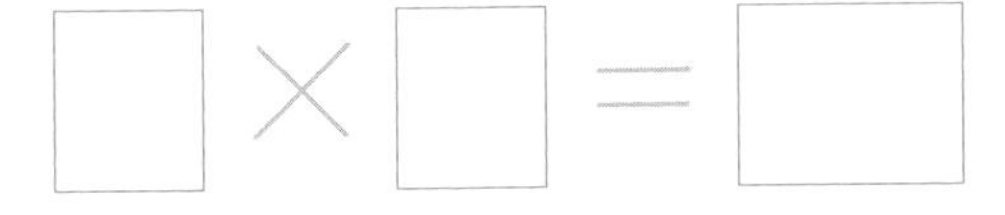

答え　　こ

かけ算とたし算 ④

月　日

1　ノートを3さつずつ、6人にくばりました。まだ、15さつあります。ノートは、ぜんぶで何(なん)さつありましたか。

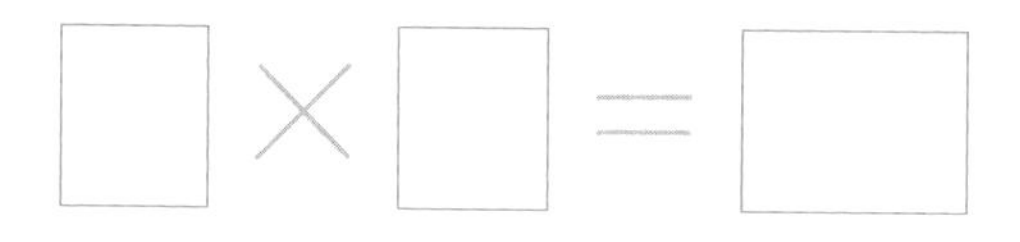

答え　さつ

2　色紙(いろがみ)を5まいずつ、7人にくばりました。まだ、17まいあります。色紙は、ぜんぶで何まいありましたか。

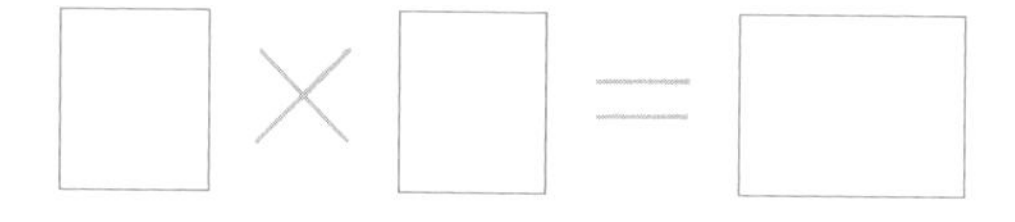

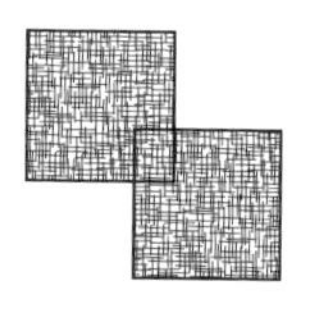

答え　まい

71 かけ算とひき算 ①

月　日

1　メロンが40こあります。6こずつ、4はこに入れました。
のこりは何(なん)こですか。

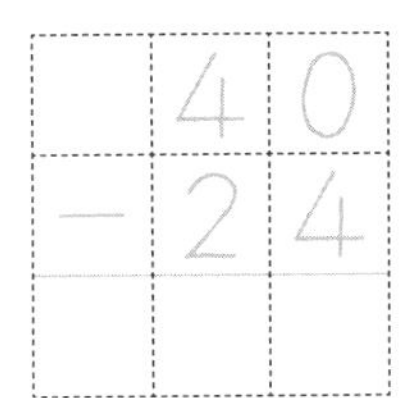

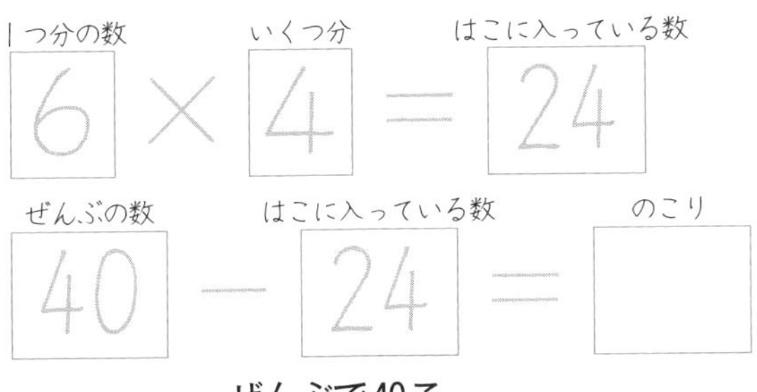

答え　　こ

2　きくの切(き)り花が50本あります。6本ずつ、7たばつくります。
のこりは何本ですか。

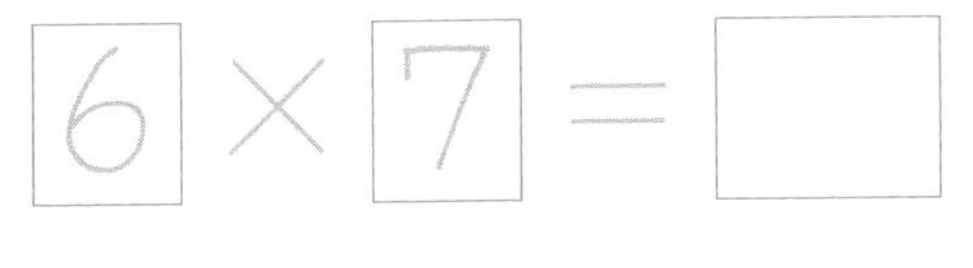

答え　　本

かけ算とひき算 ②

月　日

1　長(なが)さ40mのロープがあります。6mの長さのロープを3本作(つく)ります。
のこりは何(なん)mですか。

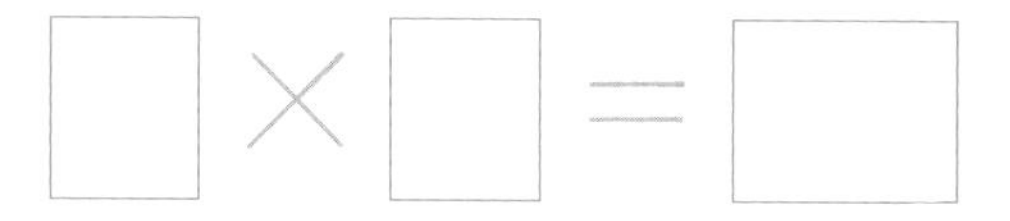

□×□＝□

40－□＝□

答え　　m

2　えんぴつが72本あります。6本ずつ8このケースに入れます。
のこりは何本ですか。

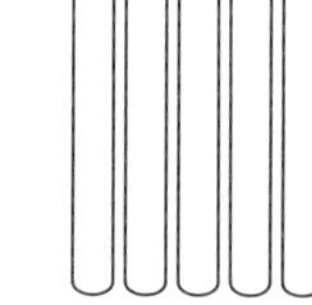

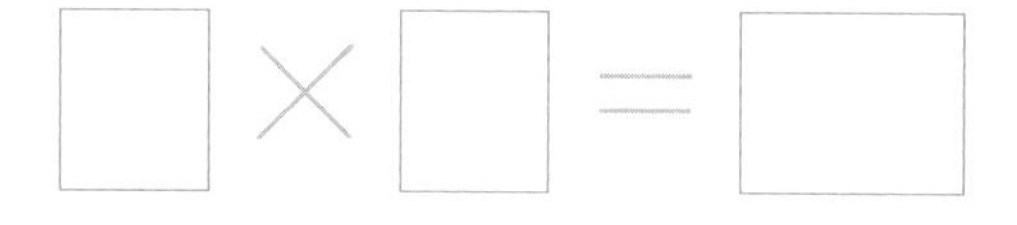

□×□＝□

□－□＝□

答え　　本

かけ算とひき算 ③

月　日

1　トランプカードは、52まいです。
　7まいずつ、3人にくばると、のこりは何(なん)まいですか。

□×□＝□

□－□＝□

答え　　まい

2　子どもが42人います。
　7人組(ぐみ)を4つつくりました。まだ、何人のこっていますか。

□×□＝□

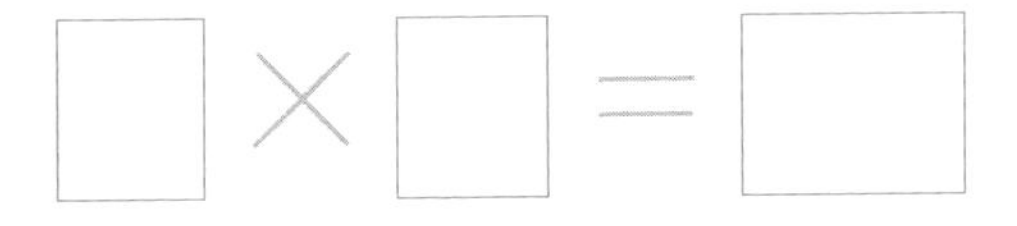

□－□＝□

答え　　人

74 かけ算とひき算 ④

月　日

1　はこに、クッキーが45こ入っています。８こずつ４人にくばると、のこりは何（なん）こですか。

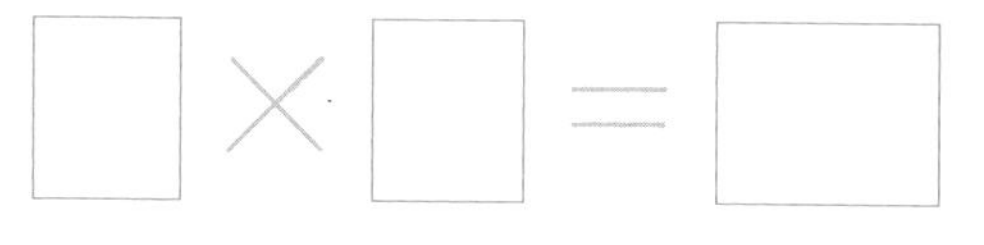

答え　　　　こ

2　びんに、あめが50こ入っています。
４こずつ９人にくばると、のこりは何こですか。

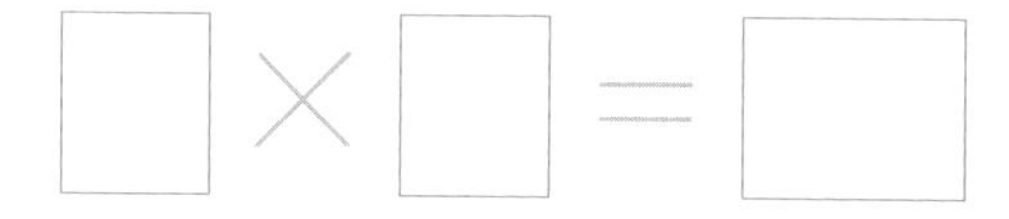

答え　　　　こ

75 かさ ①

月　日

1　牛にゅうが、びんに5dLと、紙パックに9dL入っています。

牛にゅうは、合わせて何dLですか。

5dL＋□dL＝□dL

答え　　dL

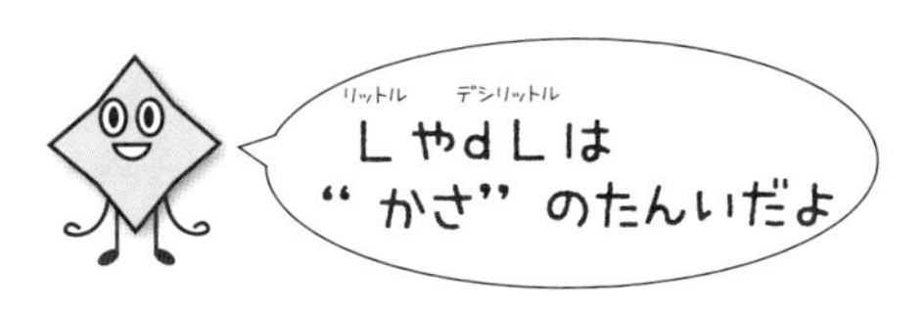

2　水が、水そうに8L入っています。そこへ、水を9L入れます。

水は、合わせて何Lですか。

答え　　L

月　日

1 とうゆが、大きいいれものに12Lと、小さいいれものに6L入っています。
合わせて何Lですか。

答え　　L

2 しょうゆが、ペットボトルに160mLと、紙パックに120mL入っています。
合わせて何mLですか。

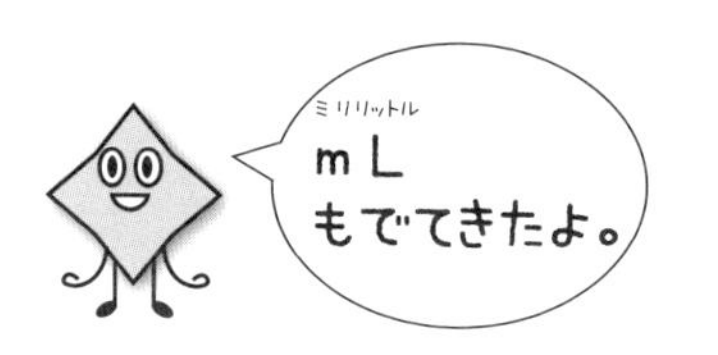

mL ＋ mL ＝ mL

答え　　mL

77 かさ ③

月　日

1　なたねあぶらが、かんに８dLと、びんに６dLあります。なたねあぶらは、合(あ)わせて何(なん)L何dLですか。

8dL ＋ 　dL ＝ 　dL

14dL ＝ 1L 　dL

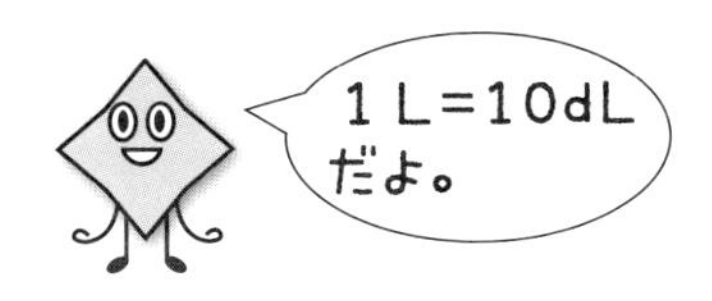

答え　　L　　dL

2　りんごジュースが、紙(かみ)パックに５dLと、びんに７dLあります。りんごジュースは、合わせて何L何dLですか。

dL ＋ 　dL ＝ 　dL

dL ＝ 　L 　dL

答え　　L　　dL

78 かさ ④

月　　日

[1]　水が、やかんに2L入っています。そこへ、水を4dL入れます。やかんの水は、合わせると何L何dLになりますか。

答え　L　dL

[2]　しょうゆが、大きいびんに1L5dLと、小さいびんに5dLあります。しょうゆは、合わせると何Lですか。

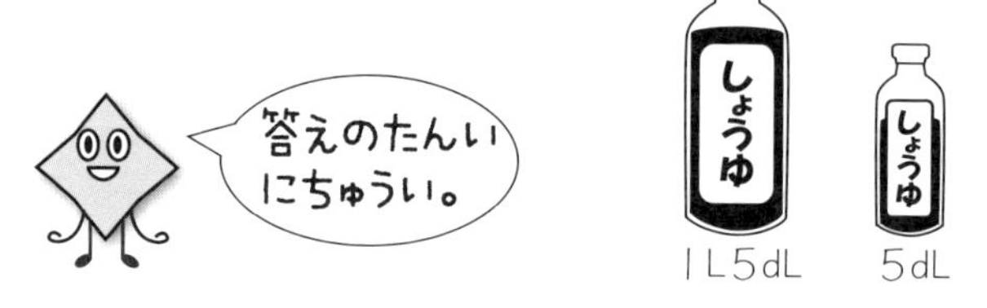

L　dL ＋ dL ＝ L

答え　L

月　日

1　ジュースが、紙パックに8dL、びんに5dL入っています。ちがいは、何dLですか。

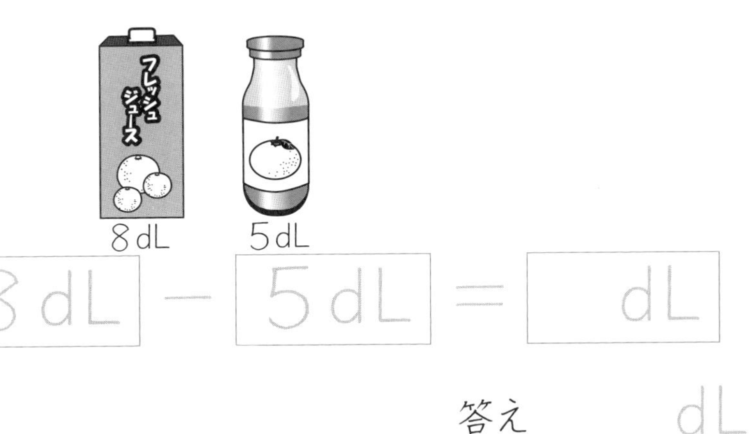

答え　dL

2　水が、バケツに9L入っています。そこから6Lくみ出しました。水は、何Lのこりましたか。

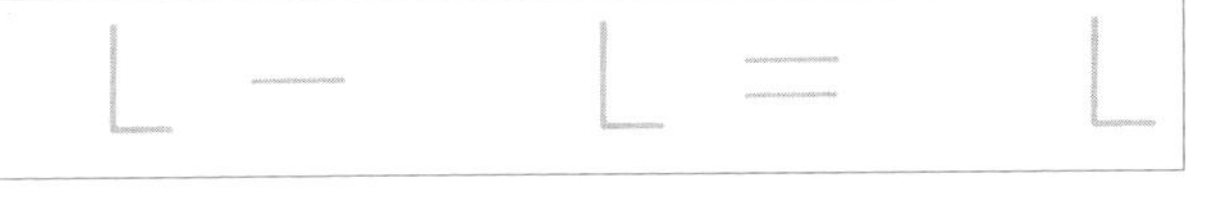

答え　L

月　日

1　とうゆが18Lあります。べつのいれものに8Lうつします。とうゆは、何(なん)Lのこりますか。

18L

L－　L＝　L

答え　L

2　麦茶(むぎちゃ)がペットボトルに130mLあります。コップに70mL入れると、のこり何mLですか。

130mL

mL－　mL＝　mL

答え　mL

81 かさ ⑦

月　日

1　ジュースが、紙(かみ)パックに1L2dLあります。
5dLのむと、のこりは何(なん)dLですか。

1L2dL ＝ 12dL

12dL － 5dL ＝ 　dL

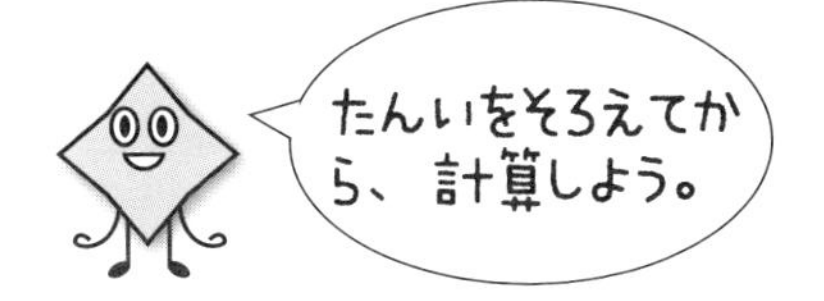

答え　　dL

2　あぶらが、かんに1L4dLあります。
べつのかんに、6dLうつすと、のこりは何dLですか。

1L4dL ＝ 　dL

　dL － 　dL ＝ 　dL

答え　　dL

月　日

1　しょうゆが、びんに2Lあります。べつのびんに1L3dLうつします。のこりは、何dLですか。

L － L dL ＝ dL

答え dL

2　とうゆが、7L8dLあります。ストーブに、2L8dL入れます。のこりは、何Lですか。

L dL － L dL ＝ L

答え L

月　日

1　姉(ねえ)さんは、午前(ごぜん)8時(じ)に家(いえ)を出て、8時30分(ぷん)に会社(かいしゃ)につきました。家を出てから会社につくまでに、かかった時間(じかん)は何(なん)分ですか。

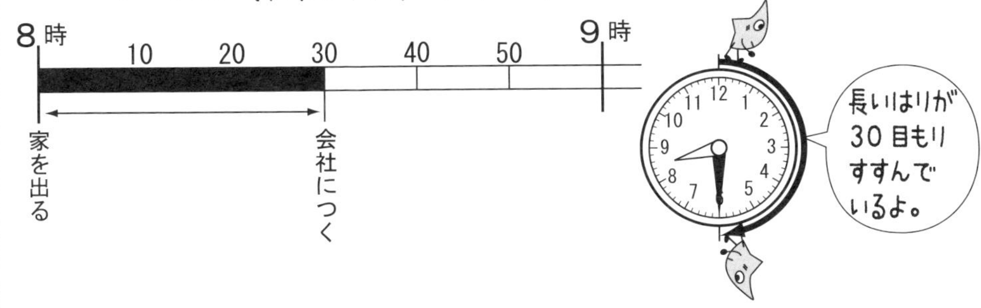

答え　分

2　兄(にい)さんは、午前7時に家を出て、7時50分に体育(たいいく)かんにつきました。家を出てから体育かんにつくまでに、かかった時間は何分ですか。

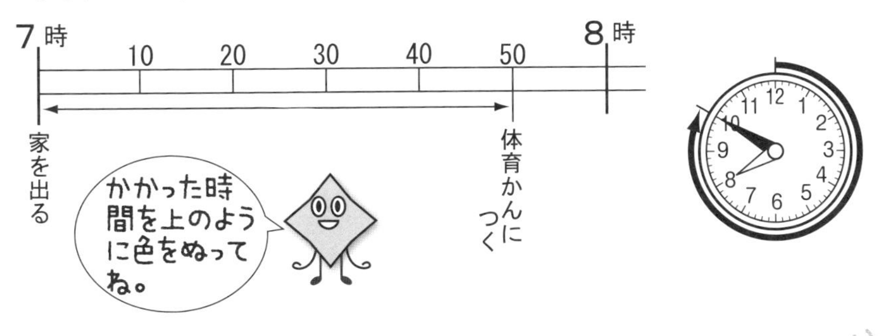

答え　分

月　日

1 妹は、午後2時10分から午後2時30分までテレビを見ていました。テレビを見ていた時間は何分ですか。

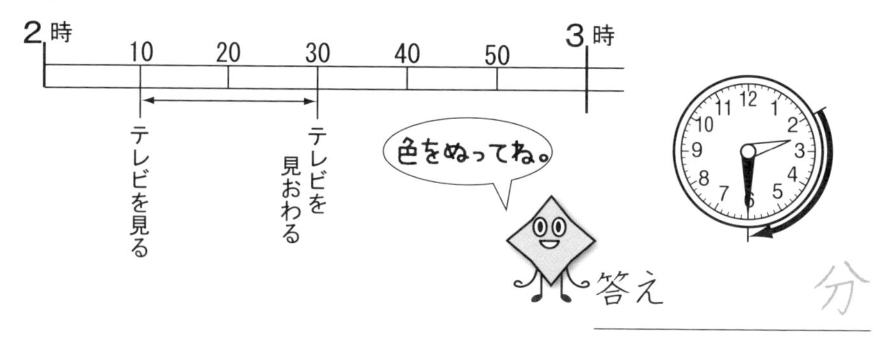

答え　　　分

2 弟は、午後3時20分から午後3時50分まで、公園でボールあそびをしていました。あそんでいた時間は何分ですか。

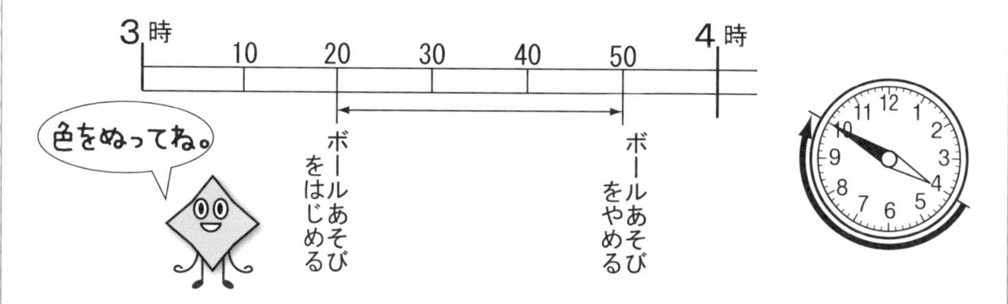

答え　　　分

月　日

1　兄(にい)さんは、午前(ごぜん)8時(じ)に家(いえ)を出て、20分(ぷん)後(ご)にえきにつきました。えきについた時こくは、午前何(なん)時何分ですか。

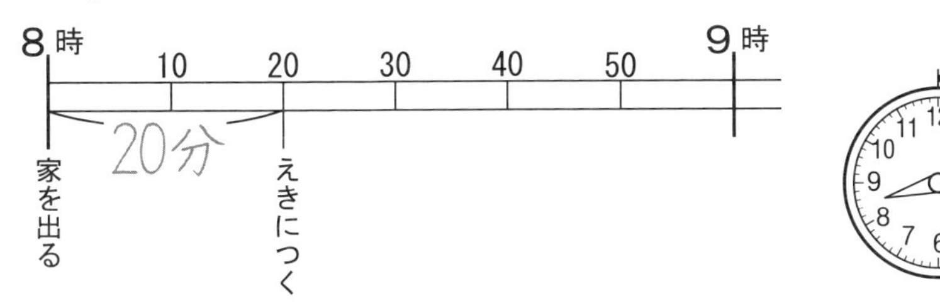

答え　午前8時　分

2　姉(ねえ)さんは、午前10時から40分間(かん)、本を読(よ)みました。本を読みおわった時こくは、午前何時何分ですか。

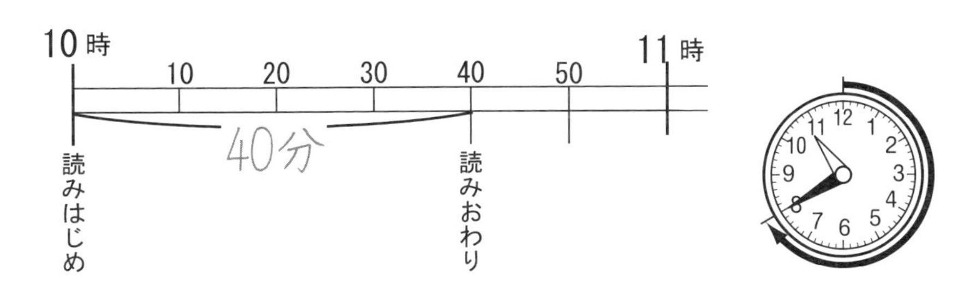

答え　午前　時　分

86 とけい ④

月　日

1　弟は、午後３時20分から30分間、テレビを見ていました。見おわったのは、午後何時何分ですか。

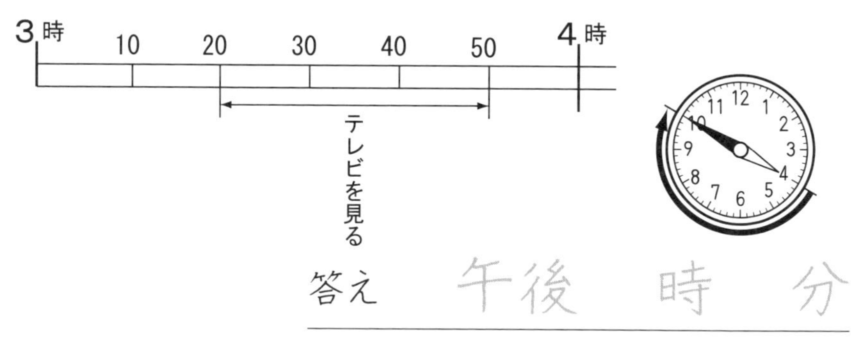

答え　午後　　時　　分

2　妹は、午後２時40分から20分間、昼ねをしました。おきたのは、午後何時ですか。

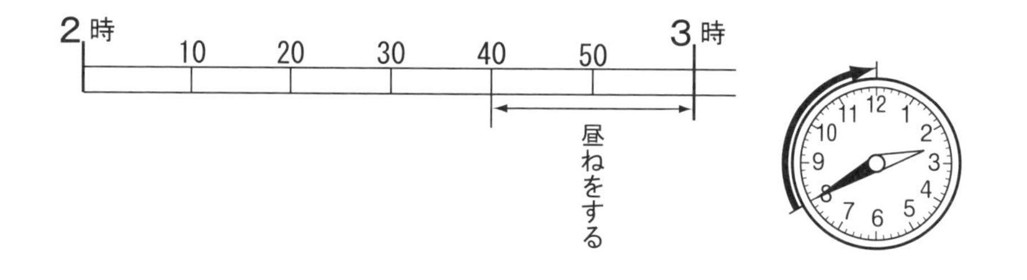

答え　午後　　時

こたえ

◇1 たし算 ①

1 24＋21＝45 45こ
2 26＋42＝68 68まい

◇2 たし算 ②

1 28＋30＝58 58羽
2 40＋36＝76 76さつ

◇3 たし算 ③

1 45＋38＝83 83まい
2 37＋27＝64 64こ

◇4 たし算 ④

1 53＋27＝80 80さつ
2 65＋25＝90 90こ

◇5 たし算 ⑤

1 68＋42＝110 110cm
2 64＋69＝133 133人

◇6 たし算 ⑥

1 48＋58＝106 106人
2 45＋55＝100 100円

◇7 たし算 ⑦

1 75＋25＝100 100m
2 86＋18＝104 104ページ

◇8 たし算 ⑧

1 68＋37＝105 105cm
2 55＋45＝100 100分

◇9 たし算 ⑨

1 76＋34＝110 110こ
2 82＋68＝150 150本

◇10 たし算 ⑩

1 35＋25＝60 60こ
2 60＋67＝127 127まい

◇11 ひき算 ①

1 65－30＝35 35まい
2 75－40＝35 35まい

◇12 ひき算 ②

1 60－45＝15 15本
2 85－65＝20 20こ

◇13 ひき算 ③

1 82－54＝28 28こ
2 63－27＝36 36人

⑭ひき算 ④

1 $75-37=38$ 38ひき
2 $63-19=44$ 44本

⑮ひき算 ⑤

1 $54-36=18$ 18こ
2 $72-48=24$ 24本

⑯ひき算 ⑥

1 $152-85=67$ 67まい
2 $123-76=47$ 47人

⑰ひき算 ⑦

1 $102-84=18$ 18本
2 $105-77=28$ 28ひき

⑱ひき算 ⑧

1 $100-68=32$ 32まい
2 $100-25=75$ 75円

⑲ひき算 ⑨

1 $75-28=47$ 47本
2 $51-18=33$ 33頭

⑳ひき算 ⑩

1 $125-50=75$ 75まい
2 $100-24=76$ 76こ

㉑ひき算 ⑪

1 $42-28=14$ 14こ
2 $63-34=29$ 29本

㉒ひき算 ⑫

1 $120-76=44$ 44こ
2 $103-68=35$ 35ひき

㉓ひき算 ⑬

1 $90-54=36$ 36こ
2 $81-47=34$ 34本

㉔ひき算 ⑭

1 $125-96=29$ 29本
2 $104-48=56$ 56台

㉕ひき算 ⑮

1 $100-65=35$
金色が35cm長い
2 $152-97=55$
赤が55m長い

㉖ひき算 ⑯

1 $133-77=56$
青が56本多い
2 $106-98=8$
こおろぎが８ひき多い

㉗九九をつかって ①

1 $2\times6=12$ 12こ
2 $2\times5=10$ 10こ

㉘九九をつかって ②

1 $2\times8=16$ 16本
2 $2\times4=8$ ８本

29 九九をつかって ③

1 $2 \times 3 = 6$ 6こ
2 $2 \times 7 = 14$ 14こ

30 九九をつかって ④

1 $2 \times 2 = 4$ 4本
2 $2 \times 9 = 18$ 18こ

31 九九をつかって ⑤

1 $5 \times 2 = 10$ 10こ
2 $5 \times 5 = 25$ 25こ

32 九九をつかって ⑥

1 $5 \times 4 = 20$ 20本
2 $5 \times 8 = 40$ 40こ

33 九九をつかって ⑦

1 $5 \times 3 = 15$ 15人
2 $5 \times 7 = 35$ 35こ

34 九九をつかって ⑧

1 $5 \times 9 = 45$ 45円
2 $5 \times 6 = 30$ 30こ

35 九九をつかって ⑨

1 $3 \times 2 = 6$ 6こ
2 $3 \times 6 = 18$ 18こ

36 九九をつかって ⑩

1 $3 \times 4 = 12$ 12こ
2 $3 \times 7 = 21$ 21m

37 九九をつかって ⑪

1 $3 \times 5 = 15$ 15こ
2 $3 \times 3 = 9$ 9こ

38 九九をつかって ⑫

1 $3 \times 8 = 24$ 24こ
2 $3 \times 9 = 27$ 27ひき

39 九九をつかって ⑬

1 $4 \times 5 = 20$ 20こ
2 $4 \times 3 = 12$ 12本

40 九九をつかって ⑭

1 $4 \times 9 = 36$ 36本
2 $4 \times 6 = 24$ 24こ

41 九九をつかって ⑮

1 $4 \times 4 = 16$ 16まい
2 $4 \times 8 = 32$ 32まい

42 九九をつかって ⑯

1 $4 \times 2 = 8$ 8L
2 $4 \times 7 = 28$ 28m

43 九九をつかって ⑰

1 $6 \times 5 = 30$ 30本
2 $6 \times 6 = 36$ 36こ

44 九九をつかって ⑱

1 $6 \times 4 = 24$ 24人
2 $6 \times 7 = 42$ 42cm

㊺九九をつかって ⑲

1　6 × 3 ＝18　18こ
2　6 × 9 ＝54　54本

㊻九九をつかって ⑳

1　6 × 2 ＝12　12dL
2　6 × 8 ＝48　48本

㊼九九をつかって ㉑

1　7 × 6 ＝42　42こ
2　7 × 4 ＝28　28こ

㊽九九をつかって ㉒

1　7 × 8 ＝56　56こ
2　7 × 5 ＝35　35L

㊾九九をつかって ㉓

1　7 × 7 ＝49　49日
2　7 × 3 ＝21　21人

㊿九九をつかって ㉔

1　7 × 9 ＝63　63cm
2　7 × 2 ＝14　14こ

51 九九をつかって ㉕

1　8 × 2 ＝16　16本
2　8 × 6 ＝48　48まい

52 九九をつかって ㉖

1　8 × 5 ＝40　40まい
2　8 × 7 ＝56　56cm

53 九九をつかって ㉗

1　8 × 4 ＝32　32人
2　8 × 9 ＝72　72本

54 九九をつかって ㉘

1　8 × 8 ＝64　64本
2　8 × 3 ＝24　24こ

55 九九をつかって ㉙

1　9 × 2 ＝18　18人
2　9 × 6 ＝54　54m

56 九九をつかって ㉚

1　9 × 9 ＝81　81まい
2　9 × 4 ＝36　36まい

57 九九をつかって ㉛

1　9 × 5 ＝45　45こ
2　9 × 8 ＝72　72dL

58 九九をつかって ㉜

1　9 × 3 ＝27　27人
2　9 × 7 ＝63　63こ

59 九九をつかって ㉝

1　1 × 4 ＝ 4　4こ
2　1 × 9 ＝ 9　9m

60 九九をつかって ㉞

1　1 × 5 ＝ 5　5L
2　1 × 7 ＝ 7　7こ

61 九九をつかって ㉟

1　$1 \times 2 = 2$　2ひき
2　$1 \times 8 = 8$　8本

62 九九をつかって ㊱

1　$1 \times 6 = 6$　6こ
2　$1 \times 3 = 3$　3たば

63 九九をつかって ㊲

1　$4 \times 7 = 28$　28まい
2　$7 \times 4 = 28$　28日

64 九九をつかって ㊳

1　$8 \times 3 = 24$　24人
2　$3 \times 5 = 15$　15m

65 九九をつかって ㊴

1　$2 \times 6 = 12$　12本
2　$6 \times 7 = 42$　42本

66 九九をつかって ㊵

1　$5 \times 4 = 20$　20L
2　$9 \times 3 = 27$　27dL

67 かけ算とたし算 ①

1　$4 \times 8 = 32$
$32 + 18 = 50$　50こ
2　$4 \times 6 = 24$
$24 + 18 = 42$　42こ

68 かけ算とたし算 ②

1　$7 \times 4 = 28$
$28 + 25 = 53$　53まい
2　$8 \times 6 = 48$
$48 + 25 = 73$　73まい

69 かけ算とたし算 ③

1　$6 \times 8 = 48$
$48 + 18 = 66$　66本
2　$9 \times 5 = 45$
$45 + 20 = 65$　65こ

70 かけ算とたし算 ④

1　$3 \times 6 = 18$
$18 + 15 = 33$　33さつ
2　$5 \times 7 = 35$
$35 + 17 = 52$　52まい

71 かけ算とひき算 ①

1　$6 \times 4 = 24$
$40 - 24 = 16$　16こ
2　$6 \times 7 = 42$
$50 - 42 = 8$　8本

72 かけ算とひき算 ②

1　$6 \times 3 = 18$
$40 - 18 = 22$　22m
2　$6 \times 8 = 48$
$72 - 48 = 24$　24本

73 かけ算とひき算 ③

1 7 × 3 = 21
52 − 21 = 31　31まい

2 7 × 4 = 28
42 − 28 = 14　14人

74 かけ算とひき算 ④

1 8 × 4 = 32
45 − 32 = 13　13こ

2 4 × 9 = 36
50 − 36 = 14　14こ

75 かさ ①

1 5 dL + 9 dL = 14dL　14dL

2 8 L + 9 L = 17L　17L

76 かさ ②

1 12L + 6 L = 18L　18L

2 160mL + 120mL = 280mL
280mL

77 かさ ③

1 8 dL + 6 dL = 14dL
14dL = 1 L 4 dL　1 L 4 dL

2 5 dL + 7 dL = 12dL
12dL = 1 L 2 dL　1 L 2 dL

78 かさ ④

1 2 L + 4 dL = 2 L 4 dL
2 L 4 dL

2 1 L 5 dL + 5 dL = 2 L
2 L

79 かさ ⑤

1 8 dL − 5 dL = 3 dL　3 dL

2 9 L − 6 L = 3 L　3 L

80 かさ ⑥

1 18L − 8 L = 10L　10L

2 130mL − 70mL = 60mL
60mL

81 かさ ⑦

1 1 L 2 dL = 12dL
12dL − 5 dL = 7 dL　7 dL

2 1 L 4 dL = 14dL
14dL − 6 dL = 8 dL　8 dL

82 かさ ⑧

1 2 L − 1 L 3 dL = 7 dL
7 dL

2 7 L 8 dL − 2 L 8 dL = 5 L
5 L

83 とけい ①

1 30分

2 50分

84 とけい ②

1 20分

2 30分

85 とけい ③

1 午前８時20分

2 午前10時40分

86 とけい ④

1 午後３時50分

2 午後３時